マンガで学ぶ 動物倫理

わたしたちは
動物と
どうつきあえば
よいのか

伊勢田哲治　マンガ なつたか

化学同人

プロローグ
ありがとう これ!
言うとおり すっごく おもしろかったよ!
ホント!? じゃあ約束どおり入部してくれる?
ミステリー研究部!
今上《いまうえ》 琳太郎《りんたろう》
推理小説大好き高校2年生
(新本格派からハードボイルドまで)
ん〜
しょうがないな! いいよ
根岸《ねぎし》 清音《きよね》
琳太郎の幼なじみ
(カワイイ動物が大好き)
よっしゃああ〜
今日は、ほかの二人いないの?
うん… みんな兼部なんだよね
部員が四人いないとこの部室取り上げるって生徒会に言われてさぁ ……!!
ホントありがとう…!!
必死だね〜 (笑)

この春も新入部員来なかったし…
めだった活動もしなかったからさ…
ハイハイ！じゃあ新入部員として提案していい？
？
キュッ
キュッ
生き物探偵
ペットの相談捜索
生き物探偵……ねぇ
やっぱりミス研だしお悩み解決の実績があったほうがいいと思うの
おもしろいけど、僕生き物詳しくないし…
そもそも興味ない…
女の子って動物好きな子多いから
女の子からの依頼もたくさん来ちゃうかも
ハッ
というわけで……

のお悩み
ます!
お悩み解決
します……
っと
まあ動物に関係
するトリックの
勉強になるかも
しれないしな
えーっと…
動物っていうと
……何だっけ
犬でしょ、それから猫…
鳥、ヘビもか
生き物探偵やってます!
身の回りの動物のお悩み
ズバリ解決します!
イヌ・ネコ
ヘビ
そういえば生物の授業で
クモやミジンコもそうだって言ってた
「動物」っていってもいろいろなんだな
あらゆる動物の
なかで
一番カワイイ
ウミウシの
依頼とか
来ないかな〜
そういえば
あれも動物だし
なぁ
カワイイ
か?
そうだ、ウミウシが
主人公のミステリー
とかないの!?
ないです…

はじめに

さて、こうして二人は「生き物探偵」をはじめることになりました。なんだか楽しそうですね。でもこの探偵たちが取り組む「事件」は普通とはちょっと違います。それは、人間と他の生き物たちとの関係についてのさまざまな「事件」です。この本で取り上げていく「事件」について考えはじめる手がかりとして、一つの疑問を考えてみましょう。

「命《いのち》を大事にしなくてはいけない。」

わたしたちは子どものころからずっとこう言われ続けています。実際、多くの人にとって「命は大事」は体にしみ込んだ考え方になっていることでしょう。しかし、これが本当のところどういう意味を表しているのか考えたことはあるでしょうか。

たとえば、お肉を食べるということは牛や豚の命を奪うということを意味しますし、「命」に植物の命も含むのなら、どんな食事でもなんらかの命を奪っています。「命を大事にする」というのは、命を絶対に奪わないという意味ではどうやらなさそうです。食事については、「むだにせず、感謝しながら食べるのが大事」という言い方がされたりします。この本のなかでも登場します。でも、むだにしなければ、感謝すれば、何をしてもいいのでしょうか。こういう質問に簡単に答えられないのに、「命を大事にする」というのがどういうことか、みんなわかった気になっていたのだとすれば、それはやっぱり一つの「事件」です。

タイトルに「動物倫理」とあるように、「生き物」のなかでも、この本では特に人間と動物の関係で生じる「事件」を取り上げます。ただし、そういう「事件」をあざやかに解決する、という本ではありません。しかし「事件」の姿は、読み進めていくうちに、最初に思っていたのとはぜんぜん違ったものになっているかもしれません。深まる謎について一緒に考えていく、そんな体験をこの本を手に取られたあなたと共有できれば幸いです。

もくじ

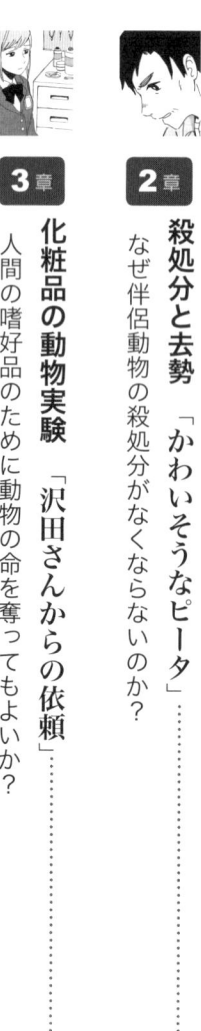

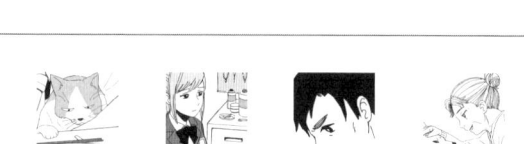

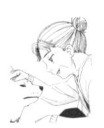

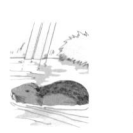

ペットのしつけ

1 生き物探偵の初事件

生き物探偵 やってます!
身の回りの動物のお悩み ズバリ解決します! イヌ・ネコ ヘビetc
ご依頼受け付け中!
探偵のいる日時
毎週 月・水・土・
平日16:30~19:00 (土曜は11:00~19:00)
来ないねー
依頼者
まあ はじめたばっか だから
そうだ
じゃあ俺が最初の依頼していい?
もちろん報酬も支払おう
そうだなぁ コーヒー一杯ずつ おごるとか
兄ちゃんも何か困ってることがあるの?
俺というより店の常連さんたちかな
近所に犬を飼ってるおばあさんがいるんだけどさ
その犬がまったくしつけができてないらしくて…
ワン! ワン! ワーン!
夜に吠えまくったり散歩中にほかの犬とケンカしたりしてたいへんだってみんなぼやいてるんだよね

大人が言うより
君たちのほうが
穏やかに済む気が
するからさ
頼むよ
最初から
ハードル高すぎ
だよ〜〜！
女の子からの依頼
ほんと
だよね
もっとカワイイ
依頼がよかった
なー
「ウミウシが
逃げました！」
とか
そうだね…
というか、まずこの
町内に何匹ウミウシが
いるかだよね
あった
あの家だ
ワンッ
ワンッ
ヴワン!!
うわっ
すごい
吠えよう…
小城
ピンポーン
ドキドキドキドキ
ガラガラッ

…なんだ あんたたち
小城《おぎ》 サヨ子
喫茶店の近所で 1匹の犬と暮らしている
ぼ…僕たち こういう者です!
生き物探偵
今上《いまうえ》 琳太郎《りんたろう》
生き物探偵…?
それが何の用だい?
こちらのワンちゃんがすごく…その…元気なので…
理由を知りたいなって思いまして!
理由…?
コロ! おいで!
ダッ
ウ ワンッ
ギャー!!
どうせあんたたち近所のやつらに言われて来たんだろ?
!

この子は私の
たった一人の
家族なんだ
うるさいとか
しつけをちゃんと
しろだとか
そんなのは
人間の勝手な
都合だよ
私はこの子にはできるだけ
自然な姿でいてほしいんだ
ストレスも
与えたくないし
できれば放し飼い
にしたいくらいさ
さすがに
ここじゃ
無理だけどさ
あんたたちだって
毎日こうやって好きな
ことして過ごしてる
じゃないか
それと
同じだよ
この子にも
そういう権利が
あるんじゃないかい?
って言われて
そのまま
帰ってきたの?
アハハハハ
笑わないでよ

そうだな…小城さんの言うこともわかるけど…
人間社会に犬を連れてきているのは人間なんだからさ
社会で暮らしていけるルールを教えてあげないほうがむしろ自分勝手なんじゃないかな
本当なら愛されるべきなのに嫌われたり怒られたりしちゃうんだよ
それこそ虐待と言えると思うんだけど
兄ちゃん厳しいなあ…そんなに堅く考えることかな?
ねえ琳太郎
今調べたのこれ見て
?
僕たちは再び小城さんのところへ行き
兄ちゃんの言葉を柔らかくして伝えた
小城さんは黙って聞いていた

あ、あの
私
近所にワンちゃんのしつけ教室があるの見つけたんです！よかったら一緒に行ってみませんか？
コロちゃんにもお友達ができるかもしれないし…
それに…そこの方も小城さんみたいにワンちゃん大好きな人たちだと思うから
フッ
フフ…そうだね
こうやって飼うことがもう私のわがままなのかもね
ごめんねコロ教室行ってみようか
なんだ…
意外にいい人なのかも…

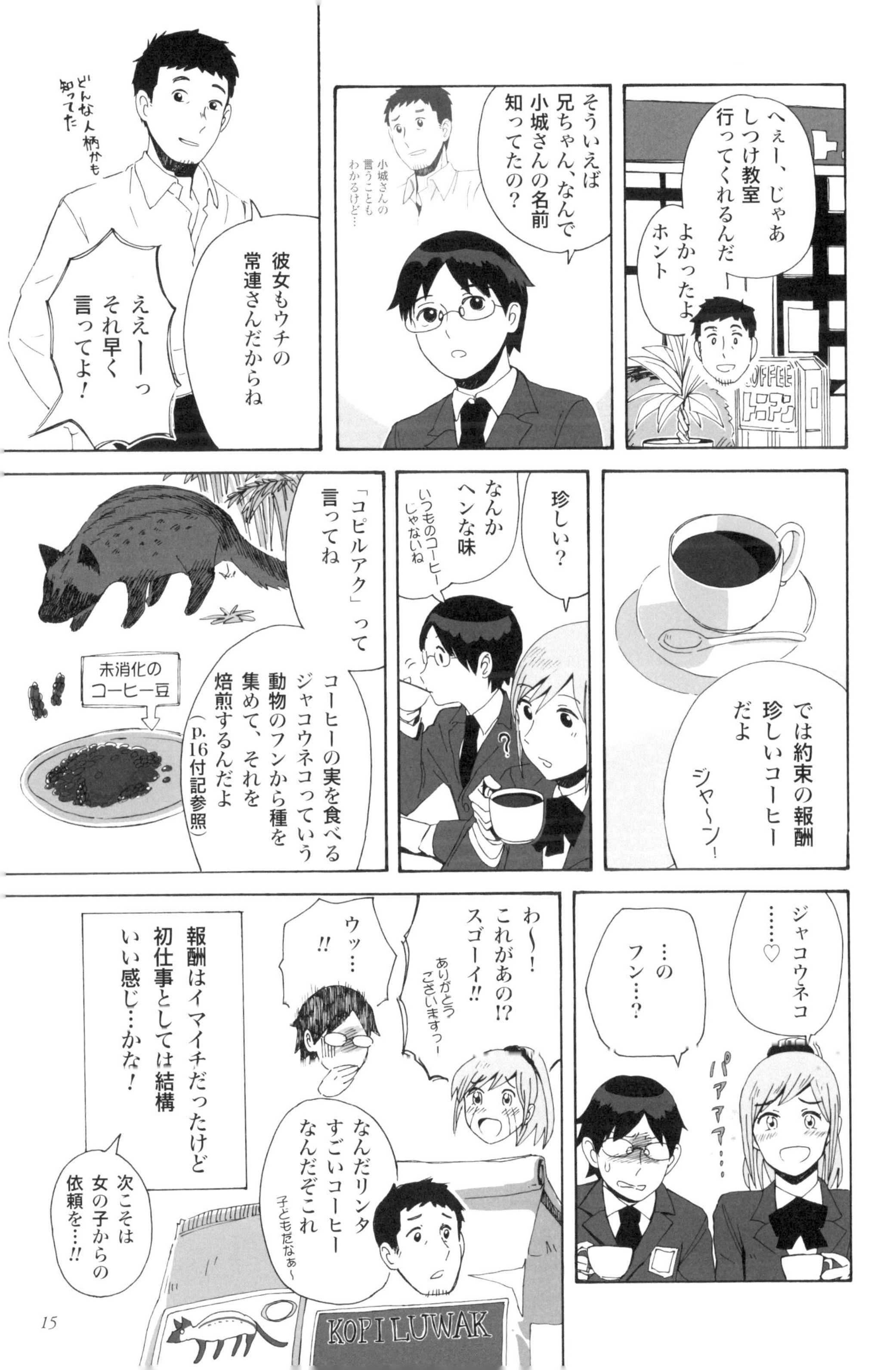
へぇー、じゃあ しつけ教室 行ってくれるんだ
よかったよ ホント
そういえば 兄ちゃん、なんで 小城さんの名前 知ってたの?
小城さんの 言うことも わかるけど…
彼女もウチの 常連さんだからね
ええーーっ それ早く 言ってよ!
どんな人柄かも 知ってた
では約束の報酬 珍しいコーヒー だよ
ジャ〜ン!
珍しい?
なんか ヘンな味
いつものコーヒー じゃないね
「コピルアク」って 言ってね
コーヒーの実を食べる ジャコウネコっていう 動物のフンから種を 集めて、それを 焙煎するんだよ
(p.16付記参照)
未消化の コーヒー豆
ジャコウネコ ……♡
…の フン…?
パァァァ…
わ〜! これがあの!? スゴーイ!!
ありがとう ございますっー
ウッ… !!
なんだリンタ すごいコーヒー なんだぞこれ
子どもだなぁ〜
報酬はイマイチだったけど 初仕事としては結構 いい感じ…かな!
次こそは 女の子からの 依頼を…!!
KOPI LUWAK

Lecture

動物に言うことを聞かせるのは人間のエゴか？

わたしたちにとって一番身近な動物といえば、もちろんホモ・サピエンス、すなわちヒト…ですが、ホモ・サピエンス以外で一番身近な動物といえば、犬や猫などの**ペット**でしょう。みなさんのなかにも動物を飼っている、飼ったことがあるという方は多いでしょう。では、動物を飼うとき、飼い主にはどんな責任が発生するかを考えたことがある方はどのくらいいるでしょうか。親が飼っていたような場合、そんなことは考えたことないかもしれません。ここではその問題とちょっとまじめに向き合ってみましょう。

● ペットは「物」にすぎない？

一方の極端な考え方として、ペットは飼い主の所有物なんだから、所有者は他人に損害を与えないかぎりペットをどう扱ってもいいという考え方もありうるのではないでしょうか。実際、民法や刑法の上では動物は植物や無生物とまったく異ならない「物」として扱われ、たとえば他人のペットを殺してしまったような場合、第一に適用されるのは「器物損壊罪」になります。

しかし、さすがにペットがただの「物」だというのは無理があります。法律上も、「**動物の愛護及び管理に関する法律**」（**動物愛護法**）[1]で、**動物の虐待**が禁止され、罰則も設けられています。[2]「みだりに殺し、傷つけ、又は苦しめることのないようにする」、それから「人と動物の共生に配慮しつつ、その習性を考慮して適正に取り扱うようにし

※第2刷付記：マンガで肯定的に紹介したコピルアクであるが、近年の需要の高まりから、ジャコウネコが劣悪な環境で大量に飼育されるという動物虐待問題に発展していると言われている。動物虐待に手を貸しかねない内容となっていることをお詫びするとともに、注意喚起としてマンガは変更せずにここに付記することとした。

〔1〕動物愛護法はもともと「**動物の保護及び管理に関する法律**」という名前で1973年に施行され、幾度かの改正を経て現在に至っている。

〔2〕動物愛護法で保護されるのは「牛、馬、豚、めん羊、山羊、犬、猫、いえうさぎ、鶏、いえばと及びあひる」とその他の「人が占有している動物で哺乳類、鳥類又は爬虫類に属するもの」である。つまり、最初のリストの動物は誰かが飼っていなくても保護され、その他の哺乳類、鳥類、爬虫類は誰かが飼っている場合のみ、この法律で保護される。

なければならない」と定められています。もっと具体的には、餌やり、水やり、健康管理、その動物の種類や習性にあった環境を確保する必要があることなどが定められています。この法律は、ほとんどのペットにあてはまり、何をしなくてはならないかについて具体的な指針を与えてくれているといってよいでしょう。ただし、動物を愛護するのは、動物が尊重されるからではなく、人間の側の「**愛護する気風**」や「**情操の涵養**」のためだとされています。[3]

●「ペット」以上のものとしての「伴侶動物」

動物を飼っている方は特に、動物を「物」扱いすることに抵抗を感じるでしょう。それどころか、犬や猫は「家族の一員」という人も多いでしょう。「ペット」の代わりに「**伴侶動物**[4]」という言葉が多く使われるようになったのもそうした認識が広まってきたことのあらわれです。この本でもこれ以降は伴侶動物という表現で統一します。

「家族」であるならば、当然、ただの「物」、たとえば家具などとは違う扱いが必要になります。家具であれば、どんなに愛着のあるものでも、捨てて買い換えることはありえます。でも家族はそうはいきませんし、伴侶動物についても同じように感じる人は多いでしょう。きちんと育て、世話をし、最後までめんどうを見なくてはならない、少々嫌なところがあっても自由に取り替えたりできない、そしてそうしたことすべてが愛情や愛着によって支えられている、そういう意味では伴侶動物はまさに「家族」です。そして、家族として扱うということは、単に動物愛護法に反しないように扱うというよりもはるかに大きな責任を意味しますし、そうする理由も、「家族」だからであって、自分の「情操の涵養」のためなどではありません。

---

〔3〕動物愛護法の第一条を見ると、「国民の間に動物を愛護する気風を招来し、生命尊重、友愛及び平和の情操の涵養に資する」ためにこの法律が制定されている、といったことが書かれている。

〔4〕伴侶動物は、カタカナで「**コンパニオンアニマル**」とよぶことも多い。

伴侶動物への責任はどこから生じるか

でも、なぜ伴侶動物に対する責任があるのかを考えた場合、私たちが「家族と思うから」という以上の根拠はあるのでしょうか。「僕はうちのミケのことを別に家族だと感じないから動物愛護法違反にならない程度に扱うよ」という人がいた場合、「いや、ちゃんと家族として扱ってください」と言える理由はあるでしょうか。

「伴侶動物は生きているけど家具は生きていないから」というのはすぐに思いつく答えです。でも、生きているというだけであればベランダの鉢植えも一緒です。でも鉢植えを犬や猫と同じ意味で家族の一員だという人は少ないでしょう。単に生きているだけでなく、犬や猫が「気持ちをもつ」、または、人間と同じようなしかたで「コミュニケーションできる」ことならば、家具や鉢植えとは大きく違い、根拠になりそうに思えます。

もう少し大きな視野で伴侶動物との関係を考える考え方もあります。犬や猫など歴史の古い伴侶動物は、祖先の野生動物から長い年月をかけて人間社会の中で暮らしやすいように、また人間にとって都合のよいように品種改良されてきました。そのため、今さら野生に帰れと言われても完全な野生では暮らせません。そのようにつくり変えてきた人類の責任として、犬や猫をきちんと世話しなくてはならない、という考え方です。

伴侶動物の問題行動としつけ

伴侶動物との関係を以上のように確認したところで、マンガの小城さんのケースのような**伴侶動物の問題行動**をどう扱うべきなのかを考えてみましょう。ある定義によれば、伴侶動物の問題行動とは、「飼い主が容認できない行動、あるいは動物自身に有害な行動」です。[5] かみついたり、ひっかいたり、吠えたり、物を壊したり、言うことを聞

---

〔5〕工亜紀『コンパニオンアニマルの問題行動とその治療』講談社（2002年）p.18より。この定義では、マンガの小城さんのように、周囲の人に迷惑をかける行動を飼い主が容認していた場合、問題行動ではないことになってしまう。「飼い主や周囲の人が容認できない行動」、といったもう少し広い定義が必要かもしれないが、あまり広くすると、それぞれの家庭内のことに周囲の人が介入する口実にもなりかねないので、注意が必要である。工さんの本では、今は問題と感じていなくても、飼い主や周囲の環境など、少し状況が変わればすぐにでも飼い主を困らせることになるような行動としてとらえることで、小城さんのようなケースを扱っている。

かなかったり、と普通に考えられる問題行動は、この意味での問題行動だと考えられます。

こうした問題行動にはいろいろなタイプが存在します。ある種の問題行動は生育の過程で適切な社会化（要するに**しつけ**）がなされていないために生じるかもしれません。しかし、ストレスによる異常行動など、病理的な理由で発生するものもあり、それをしつけで抑えこむことはかえって動物のストレスを高めることになります。あるいは、その動物の生得的な行動ニーズ（周囲を探索したいという犬のニーズなど）が飼い主にとって問題行動とみなされる場合もあるでしょう。問題行動への適切な対処法はそれぞれのカテゴリーで違ってきます。しつけの不足はしつけで補えばよいですが、ストレスの徴候となる行動はむしろストレスを軽減することで対処すべきですし、自然な行動は押さえつけることで新たなストレスを生む可能性があります。むしろ動物のニーズに人間が合わせる必要が出てきます[6]。

一方で、人間が容認できない問題行動を放置することが動物虐待だとまで言われると、それは違うと思う人もいるでしょう。むしろ、小城さんと同じように、無理なしつけをすることのほうが虐待だと思う人もいるかもしれません。

しかし、容認できない行動をその動物がとることで、周囲の人との関係が悪化することは、決してその動物にとってプラスにはならないでしょう。よくしつけられ、周囲との関係がうまくいくことは、動物自身にとっても幸福を高める面があります[7]。動物愛護法で「人と動物の共生に配慮しつつ」適正に取り扱うように、とあるのはこういう意味であり、伴侶動物が社会の中で「一緒に暮らせる」ようなしつけをすることも大事だといえるでしょう。

---

〔6〕たとえば、人間のほうが都合をつけて、犬をきちんと散歩させるなど。

〔7〕さらには、飼い主が死んだ伴侶動物の引き取りの問題もある．問題行動を起こす動物は、それが理由で引き取り手があらわれず、路頭に迷うかもしれない。その場合、今の日本では、次章に出てくる動物愛護センターなどに引き取られることになるだろう。

映画・小説・マンガから

伴侶動物と人間の関係を描いたフィクションは多いが、谷口ジロー『犬を飼う』は、正面から伴侶動物とのつき合いを描いたマンガである。人間と伴侶動物（とりわけ犬）との関係を描いた映画としては『いぬのえいが』、『南極物語』、『HACHI 約束の犬』などを挙げることができるだろう。

殺処分と去勢

2 かわいそうなピータ

病気でもないのに手術なんてかわいそう!!
私反対だからね!!
バタン!!
サッコ!
っていうのが昨日あって…
リンタもちょっと言い方がよくなかったんじゃない?
デリカシーないねぇ~
そうかなぁ…
そういえば
しつけ教室に市の動物愛護センターの人が来ててね
猫は去勢・避妊しておかないといろいろ問題行動を起こすことがあったり
手術しておくとナントカっていう病気にかかりにくくなるとか言ってたよ
へぇ~
そうだ!その職員さんにお話聞いてきたら?探偵さん
これはりっぱな事件だよ
妹さんにとってはね!
?!
取材…かぁ

ここかぁ
やあ！こんにちは電話をくれた子たちだね
徳永《とくなが》さん
この動物愛護センターの職員さん
迷子犬迷子猫コーナー
学校の課題か何かかい？
自主的な社会見学なんです！探偵として
へー！
探偵？
この施設はもともと狂犬病予防のために野良犬を捕獲して処分するための場所だったんだ
処分…？
あ…子どもが

3月2日 大京区 放棄保護
雄雌 4〜6才
名前 サブロー
備考 よく寝る
譲渡 O.K
あの犬たちはみんな飼い主が「飼えなくなった」といってここに連れてこられたんだ
備考 シーズー
…これからどうなるんですか？
しつけができていて健康な子はできるだけ新しい飼い主を探しているよ
この子みたいにおとなしいならいいんだけどとても攻撃的な子もいる
その場合は、僕らも新しい飼い主に渡すべきじゃないと思ってるんだ
だからそういう子は最終的に致死処分…つまり殺すことになる
飼い主がちゃんとしつけてくれなかったばかりにね
ここでは僕たち獣医師が注射を打って致死処分をおこなうんだ
以前は炭酸ガスで窒息死させていたんだけど犬や猫が苦しむっていう意見があってね
それはやめることになったんだ
でも…

苦しかろうが
苦しくなかろうが
殺すことに
変わりは
ないんだよ
飼い主募
へえ、妹さんが
そんなに反対をねぇ
そうなんです…
何か納得させる
ようなことがわかる
かと思いまして…
そうだね……犬の
殺処分は少しずつ
減っているんだけど
猫はそうじゃない
何でだか
わかる?
えっ
えーっと…?
わかった!
野良猫ですね!
野良犬はもう
ほとんど
いないけど…
そのとおり!
ここに来る猫の9割
が野外で生まれた
子猫なんだよね

野にさらされていたから体が弱かったり、そうすると引き取り手も見つからない
もともとここには猫の収容力がそんなにないから、結局殺処分にせざるをえないんだ
5月20日
西区
雄・雌
放棄・保護
備考
ワケあり
この問題の一番の原因は野良猫や、外を歩ける飼い猫が自由に繁殖できてしまうこと
最近は「地域猫」といって飼い主のいない猫に去勢や避妊の手術をさせたりみんなで面倒を見る活動も増えてきているけど…
それでも足りなさそうですね
うん。鳴き声やフンの世話とか…人と猫の共存は難しいからね
私から見ると去勢はピータ君のためにも君たち家族のためにもなると思うよ
マーキングや発情期の大きな声や病気のリスクも少なくなるしね
それでも「かわいそう」だから手術をしないというのなら反対はしないよ
でも、

同じく「かわいそう」な
望まれない子猫が
これ以上増えないよう
せめて絶対に
外に出さないよう
お願いするよ
ありがとうございました!
うん、またおいで
……
あの人たち…
徳永さんたちは、毎日
本当は死ななくていい
動物たちを見送ってるんだよね
自分の手で
注射を打ってさ…
うん…たいへんな仕事だよ
持ちこんだ飼い主は
そういうの見なくて
すむもんね
おかしいよ
人間の言う
「かわいそう」って
何なんだろうね
じゃあね
うん
また明日

ンナッ
ピータ
去勢しても外に出さないほうがいいってさ…猫もいろいろたいへんなんだな
痛い思いやきゅうくつな思いをさせるかもしれないけどお前のためを思ってなんだからな
恨むなよ!
琳太郎〜〜!忘れてた!明日の宿題のことなんだけど…
たたっ
!?
ンナ〜
ついに動物にも聞き込みを!? さすが…!
プッ
クス クス
写メ撮っとこう

なぜ伴侶動物の殺処分がなくならないのか？

琳太郎が妹にどんな説明をするのかは気になるところではありますが、今上家ではどうやら猫の**去勢手術**をすることになりそうですね。マンガにもあったように、去勢の問題は、伴侶動物の殺処分と大きくかかわってきます。解説をはじめる前にお断りしておきます。この問題は非常に変化が大きい領域で、マンガや解説の内容は現在（２０１４年６月）の状況をふまえてはいますが、数年もしたらまったく時代遅れになってしまう可能性もあります。[1] そして、良いほうに時代遅れになることはむしろ本書の望むところです。その意味で、ここを読まれる方は、他の箇所にもまして、現状について、ここでの記述からどう変わっているか、いないのかさらに調べていただきたいと思います。

● 殺処分制度の背景

伴侶動物の**殺処分**は、歴史をさかのぼると、もともと、**狂犬病**対策が背景にあります。狂犬病についての記録は古くからありますが、国内での流行の記録は18世紀ごろからです。[2] 明治になって各地で狂犬病の大流行が相次ぎ、政府は対策に乗り出します。１８９６年の「**獣疫予防法**」では狂犬病が法定伝染病に指定され、これにかかった犬は「直ちにこれを撲殺すべし」と定められています。それと並行して、飼い主は飼い主の名前が書かれた首輪を犬につけ予防接種を受けさせることなど、現在に続く飼い主に対する責任が定められていきました。１９２２年の「**家畜伝染病予防法**」では、首輪のな

〔1〕マンガでの動物愛護センターの描写は取材に応じていただいた京都市家庭動物相談所の取材当時（２０１２年６月）の状況を反映したものとなっているが、あくまで架空の都市の架空の動物愛護センターとして、脚色を交えて描いていることをご了承いただきたい。

〔2〕江戸時代には、飼い主がいる犬でも半分放し飼いにするのが普通で、野良犬との区別も明確ではなかった。これでは狂犬病がいったん広まりはじめると大流行してしまうことになる（http://www.hdkkk.net/topics/rabi0101.html や http://www.osakafuju.or.jp/hydrophobia/history.html を参照）。

い犬は必要とあれば抑留し、３日以内に犬の返還の要求がないときは処分できることが定められました。この、抑留した犬を公示後３日で殺処分できるというルールは現在の「**狂犬病予防法**」でも踏襲されています。日本国内での狂犬病の発生は１９５０年代を最後にありませんが、世界的には狂犬病はあいかわらず猛威をふるっており、狂犬病対策の必要性が失われたわけではありません。

この狂犬病対策における犬の抑留を担当したのが**保健所**でした。その後、野犬はほとんど存在しなくなり、保健所や、保健所から動物関係の業務を引き継いだ**動物愛護センター**は、人間にとって不要になった犬や猫を引き取る場所へと性格を変えていきました。[3] その根拠となったのが１９７３年に制定された「**動物の保護及び管理に関する法律**」で、この法律では都道府県や政令指定都市について、「犬又は猫の引取りをその所有者から求められたときは、これを引き取らなければならない」と定めています。[4] この条文によって、都道府県や政令指定都市は犬や猫を引き取らざるをえず、そして行き場のない動物たちは殺処分せざるをえないという状況が生まれ、維持されているのです。[5]

●殺処分の現状

環境省で公開している統計によれば、[6] １９７４年には約115万頭の犬が殺処分されたのに対し、猫は約６万頭に留まっています。当時はまだ狂犬病の予防という意味合いが強かったことが伺われます。その後、猫は30万頭前後が毎年殺処分されるようになった反面、犬の殺処分は急速に減少して、２０００年には猫約27万頭、犬約26万頭と、猫の殺処分数が初めて犬を上回りました。21世紀になって犬の殺処分はさらに大幅に減少していきましたが、猫の殺処分数はあまり減っていかず、２０１２年の統計では、猫約12万

〔3〕動物を引き取って殺処分する施設や制度が、伴侶動物を扱うものとしては冷たく感じられるのは、もともと狂犬病対策のための施設や制度だったことがいまだ色濃く影響していると考えられる。

〔4〕この法律は何度かの改正を経て名前も変わり、「動物愛護法」となったが、この条文は受け継がれている。その後、「中核市」と呼ばれる大きな都市にも引き取りの義務が拡張された。

〔5〕２０１２年の動物愛護法改正（２０１３年施行）で、「当該動物がその命を終えるまで適切に飼養することに努めなければならない」という義務が飼い主にあることにもとづいて都道府県等が引取りを拒否できる、という条文が付け加えられた。ただ、そうして持ち込むような飼い主のところに居続けることが本当にその犬や猫にとって幸せなのかということも含め、このあたりの条文をどう運用するのが適当か、慎重に考える必要があるだろう。

〔6〕http://www.env.go.jp/nature/dobutsu/aigo/2_data/statistics/dog-cat.html

頭、犬約4万頭という殺処分数になっています。減ったといっても、毎日100頭以上の犬、300頭以上の猫が日本のどこかで命を失っている計算です。

犬の殺処分頭数が減っている大きな理由は、「飼えなくなった」という理由での持ち込みが減少したことですが、譲渡によって新しい飼い主を見つける個体が増えていることも影響しています。[7] 良心的な動物愛護センターでは持ち込んだ飼い主に対して最後まで飼い続けるように説得もおこなっているようです。これに対し、猫の場合、持ち込まれている個体の多くが、所有者不明の子猫、つまり、屋外で生まれて発見された子猫です。[8] この差を生んでいるのが、犬と猫の飼い方の差です。マンガのなかで職員の徳永さんが説明するように、飼い猫が去勢されずに自由に屋外を出歩くことができるという現在の飼い方では、所有者のいない子猫が誕生し続けるのを防ぐことはできません。猫の放し飼いについては、これと別に猫エイズの感染などの問題もあり、去勢の有無にかかわらず室内飼いを薦める自治体が増えています。

殺処分の方法についても議論があります。多くの自治体でおこなわれているのは、密閉した部屋を炭酸ガスで満たして数分間で窒息死させる方法です。[9] これは残酷な方法であるとして愛護団体から批判が強く、近年では麻酔薬などの注射[10]による殺処分もおこなわれるようになってきました。しかしコストや手間の問題であまり広まっていません。

以上は殺処分の技術的な面についてですが、さらに根本的には、殺処分というしくみ自体の前提となっている思想に目を向けるべきでしょう。相手が自分にとって都合のよいときは「家族」扱いし、都合が悪ければ「処分」の対象として容赦なく命を奪う、そうした態度を許容するのが殺処分の制度といえるでしょうが、私たちが望んでいるのは本当にそんな社会なのでしょうか。

---

〔7〕飼い主による持ち込みは2012年には1万5千頭程度まで減っており、また譲渡は1万7千頭ほどになっている。

〔8〕2012年の場合、12万頭のうち8万頭がこれに該当する。

〔9〕1995年に政府が制定した指針で「できる限り殺処分動物に苦痛を与えない方法を用いて当該動物を意識の喪失状態にし」てから殺すことが定められている。炭酸ガスによる方法はすぐに昏睡状態に陥るので動物は苦痛を感じないはずだとされてきたが、その考えには疑問が呈されている。

〔10〕麻酔薬を過剰投与する方法、筋弛緩薬などと併用する方法など、いくつかのパターンがある。

動物を手放すこと・去勢することの是非

第1章で、伴侶動物は単なる「物」ではなく、さらには動物愛護法の冒頭でいうように「情操の涵養」のために愛護するのでもなく、「家族」だから大事にするのだ、という考え方を紹介しました。その考え方からすれば、飼えなくなったからといって、殺処分になることがわかっているのに手放すなどというのは考えられないことでしょう。

しかし、現在の社会制度が、伴侶動物を完全に人間と同じ家族の一員として扱うしくみになっているかといえば、明らかにそうではありません。そうした落差がたいへん痛ましい形で現れるのが大災害のときです。大災害の際、避難所の多くは動物の連れ込みを禁止しています。そのため、被災者がつらい思いをして伴侶動物を手放さなくてはならないこともしばしばです。この場合は、人間の生命をつなぐことが最優先とされているのであり、伴侶動物はいくら「家族」とはいっても人間と同列に扱うしくみにはなっていません。そして、この落差をしかたないものと考える人も多いと思います。

このように、伴侶動物は、家族だけれども完全に家族ではない、そういう微妙な距離感のある存在だと考えられます。では、その距離はどの程度なのか、場合によっては「飼えなくなったから」といって動物愛護センターに引き取ってもらうことが許される程度なのか、というのは意見が分かれるところかもしれません。

また、マンガで描かれていた猫の去勢の問題についても、意見が分かれるでしょう。生まれてすぐに死んでいく子猫たちはかわいそうだけれど、去勢することにも抵抗がある、という考え方もあるでしょう。ただ、その考え方によって、今日もまた日本のどこかで子猫たちが殺処分され、まったく不必要な苦しみが生じています[11]。去勢の責任を考える際には、そうした間接的な結果をどうとらえるのか、よく考える必要があります。

〔11〕猫も苦しむだろうが、当然、マンガの徳永さんのように、殺処分を行う職員にも精神的な負担がかかる

映画・小説・マンガから

殺処分の現状を告発するドキュメンタリー的な本については巻末のブックガイドに譲る。小説やマンガでこの問題を扱ったものはあまり見当たらない。映像作品には、伴侶動物の殺処分を扱ったドキュメンタリー『犬と猫と人間と』がある。実話をベースにした劇映画『ひまわりと子犬の7日間』は母子で保護された犬をなんとか助けようとする保健所職員をめぐる物語。炭酸ガスを使った殺処分の様子も描かれている。

化粧品の動物実験

3 沢田さんからの依頼

罪のない動物たちに救いの手をお願いします！
化粧品実験での動物使用禁止にご協力をー
よろしくお願いしますー！
え、あっハイ
そのときもらったチラシ…
後でよく見てみたらすごくショックだったの
これなんだけど…
知って下さい動物実験
化粧品、食品開発の際に行われる、生きた動物を使う残酷な実験にNOを！
あなたの行動で救われる命があります。
まずはお気軽にお電話を
アニマルポリス協会
000-0000-0000(代表:大石佐織里)
00市00町0番地ライジングビル2F-203号
!?
ペラ…
うわあ…
の実験により皮膚のただれた
ひどい…これホントなの…!?
私、お父さんに聞いたんだ私たちが使ってる化粧品をつくるためにこんなことしてるの!?って
そしたら何て言ったと思う？

そんなもの気にするな!!
してないなら「してない」ってちゃんと言うよね
そうじゃなかったから…
あれからお父さんも使ってた化粧品もキライになりそうなんだ
それで本当のところはどうなのか私たちに調べてほしいんだって
………
そ…そうだったんだね…
またすごくヘヴィだ…
僕らに持ってくる内容?
あれ、その団体のチラシ前に小城さんも持ってたな
拠点この辺なんじゃない?
兄ちゃん
ホントだ住所が近い…
電話番号も載ってる
あなたの行動で救われる命があります。
まずはお気軽にお電話を
アニマルポリス協会
000-0000-0000(代表:大石佐羅里)
00市00町0番地ライジングビル2F-203号
――というわけでまずはこのアニマルポリス協会に詳しい話を聞きに行くことにした

沢田さんのため沢田さんのため
スー
ガチャ
入り口は普通な感じだね
あっ、昨日電話くれた子たちね いらっしゃい！
大石《おおいし》 佐緒里《さおり》
アニマルポリス協会代表
どうぞどうぞ遠慮せずに〜
バシ バシ
おじゃまします…
すごく歓迎されてる…
君たちみたいな若い子にも興味もってもらえてうれしいよー！
ソワ ソワ
そ…そうなんです ちょっとお話を聞きたいなって思いまして
ウチは化粧品の動物実験はもちろん
毛皮とか、あとペットショップでの虐待反対運動にも取り組んでるの
これ資料ね よかったら
ずら
ずら
STOP!動物実験
あなたは知っていますか?

これ何してると思う？
「ドレーズテスト」っていうの
ウサギの眼にテストしたい物質を点眼して経過をみる実験よ
その結果眼がつぶれることもあるわ
こういうテストをするのは新しい化学物質を使うときだけなのよね
じゃあもう安全だとわかってる製品だったらそんな実験しなくて済むんですか？
そう
でも大手の化粧品メーカーはそれじゃあ金儲けができないからって、わざわざ新しい製品を開発するの
これまでにない潤いを
新成分配合
輝かしい美白
誕生
新成分
実際にヨーロッパではもう化粧品についての動物実験は廃止の流れが進んでいるっていうのに…

ひとつお聞きしても いいですか？
動物って ひと口に言っても いろいろいますよね クモとかハエとか… 魚とかも
どんな動物も 実験に使うのは だめなんですか？
そうねー 人によっていろいろ考え方は あるけど…
ウチの団体では 哺乳類、鳥類、 爬虫類、両生類 くらいまでかしら
人間と同じように 「痛み」や「恐怖」を 感じてる可能性が 高いと思うから
………
…なんか 変な話 だよね
じゃあ 「人間」から遠い生物は 実験しても いいってこと？
同じ動物 なのに？

聞いてる？
清音
………
それにさ、化粧品って
体に直接塗るもんだろ？
目の辺りとかさ
実験がまったく
無意味なことは
ないんじゃないの？
それがあるから
清音だって安心して
使えるんだろうし…
……
人間が着飾るために
たくさんの動物が
ひどい扱いを受けて
毎日死んで捨てられてるの
そんなのって
本当に
いいと思う？
ただいまー…
おかえり
ー

一時間後
イ堂　問い合わせフォ
初めまして、いつもこちらのお化
使わせて頂いております。
今回はこのお化粧品を作る際に
動物実験をおこなっているのかと
お伺いし
カタ
カタ
ピロリン
この度はお問い合わせ
ありがとうございます。
当社では現在、皆様のお声を
動物実験は廃止しており、い
行われておりません。
今後とも、当社の商品
よろしくお願い申し
お客様
に関するご返答
!!
ガタッ
RINSEIDO
RINSEIDO
……
なんだ…
明日、琳太郎と蘭ちゃんに教えてあげなきゃ
ドサッ
UMIUSHI

人間の嗜好品のために動物の命を奪ってもよいか？

沢田さんのお父さんの会社は**動物実験**を廃止したということで一件落着しそうです[1]。しかし、化粧品の動物実験を存続する大手メーカーもまだまだありますし、実験を外部に委託している中小メーカーも多いようです。化粧品の動物実験は当面は問題となり続けることでしょう。動物実験は化粧品以外にもさまざまなところでおこなわれます。体のしくみ、脳のしくみなどを明らかにする基礎研究のための動物実験もあれば、医薬品のテストのための実験もあります[2]。しかし、化粧品についての動物実験は、**嗜好品**のために動物を犠牲にするということで特にクローズアップされることが多く、実際の動物愛護運動でもここにターゲットをしぼった運動がしばしばおこなわれます[3]。この章では化粧品の動物実験を想定して、**実験動物**における福祉の問題について考えます。

● 化粧品の動物実験というのはどういうものか

さて、化粧品についての動物実験をめぐる状況はどうなっているのでしょうか[4]。日本で化粧品についてのルールを定めているのは「**医薬品医療機器等法**」（旧 薬事法）です[5]。付帯する**化粧品基準**とよばれる告示で、化粧品に使ってはいけない成分や使用量が制限される成分のリストが提示されています。メーカーがそのリストの修正を厚生労働省に求める場合のみ、動物実験などの安全性試験の結果の提出が求められます。

成分の安全性試験には、毒性試験、アレルギー反応の試験、刺激性の試験、遺伝毒性

〔1〕実際にも廃止する化粧品メーカーが増えてきた。最近では、２０１３年２月に大手メーカーの資生堂が４月以降の製品開発では動物実験をおこなわないと発表して話題になった。

〔2〕こうした人間にとって利益の大きい動物実験については第7章で考えることにする。

〔3〕ただし、化粧品だから嗜好品で、医薬品だから必需品、という二分法が簡単に成り立つのかどうかはよく考える必要がある。

〔4〕２０１５年６月時点での状況なので注意してほしい。

〔5〕この法律では医薬品、医薬部外品、化粧品という3つのカテゴリーを設けている。いわゆる化粧品でも、なんらかの効能をうたうものは医薬部外品という扱いになる。医薬品と医薬部外品の一部については、新しい製品が、すでに承認されている製品と異なる成分を含む場合、安全性についての証拠書類を厚生労働省に提出することが求められる。

の試験などがあります。この多くについて、マウス、ラット、モルモット、ウサギなどを大量に使った動物実験が標準となっています。これらの実験は、その目的からいって、実験動物を死に至らしめたり、苦痛をあたえたりするものです。たとえば毒性試験ではおよその致死量を求める必要がありますが、そのためにはその成分を実際に使用する量よりはるかに多量に投与し、どのくらいの量でマウスやラットが死ぬのかを確かめることになります〔6〕。アレルギー性や刺激性の試験では、実験動物はアレルギー物質や刺激物を皮膚や眼に塗布されたまま何日も過ごすことになります〔7〕。また、一度こうした実験に使ったマウス、ラットなどは別の実験に使われることはなく、安楽死させられるのが普通です。

●動物実験の「3つのR」運動

動物実験に参加する動物の運命が一般の人々の関心事になったのはそれほど古くありません。学術研究や医学研究も含めれば、動物実験は19世紀からおこなわれてきました。動物愛護の運動も19世紀にイギリスではじまって世界各国に広まってきたのですが、その対象は家畜・伴侶動物の虐待防止や動物を使った残虐なスポーツの禁止などが主で、動物実験にはなかなか手が出ませんでした。これは、学術や医学の発展という目的が動物の苦痛を避けることよりも重要だと認識されていたからです。

しかし、第二次世界大戦後ごろから、研究者の間で、動物実験についてもルールを決めたほうがいいのではないか、という声が上がるようになってきました。それを受けて１９５０年代に、ウィリアム・ラッセルとレックス・バーチという研究者が、動物実験に参加する動物の福祉について基本的な考え方をまとめました。そこで提示されたのが

〔6〕ただし、近年では、死ぬまで観察を続けるのではなく、苦痛が大きくなったところで実験を中断し安楽死させる「人道的エンドポイント」が採用されるようになってきている。

〔7〕特に、マンガのなかで大石さんも紹介していた「**ドレーズテスト**」は、ウサギに与える苦痛が大きく、残虐な動物実験の例として以前からやり玉にあがっている。ただ、実験をする側は最近のドレーズテストはもっと福祉に配慮しておこなわれていると反論する。これに限らず、動物実験を擁護する側は、反対運動で使われる写真について、対策が不十分だったころの写真をいつまでも使い続けている、と言って反論している。マンガのなかで登場するチラシもそういう目で見直してほしい。

「3つのR」といわれる、**削減**（reduce）、**洗練**（refine）、**代替**（replace）の3原則です。削減とは実験に使う動物の数を必要最小限まで減らすこと、洗練とは同じ実験をするにしてもできるだけ動物にとって苦痛の少ない方法を選択すること、代替とは細胞を使う実験やコンピュータ・シミュレーションによる実験など、動物個体を使わない方法に切り替えることです。この時点ではすべての動物実験が特に区別なく考えられていました。

ラッセルとバーチの提案は、直後にはほとんどインパクトがなかったようですが、1970年代になって動物の権利運動が登場して状況が変わります〔8〕。動物実験に関しても全廃を求めて強硬な運動が展開されましたが〔9〕、こうした運動に対抗する研究者側の動きとして、ラッセルらの「3つのR」が見直され、「必要な限りで動物の利用を認めつつ、ストレスや苦痛のなるべく少ない飼育法・利用法を考える」という**動物福祉**の考え方が提唱されるようになったのです。実際に「3つのR」にもとづいて研究者たち自身もガイドラインをつくり、また法律や官庁による規制も国際的に広がっていきました〔10〕。

●化粧品における動物実験廃止の流れ

以上は動物実験全般の動きですが、「3つのR」を徹底し、「削減」（必要最小限まで実験に使う動物を減らす）という考え方を推し進めていくなかで、そもそも化粧品のような嗜好品に動物実験を要する新しい成分を使うことが必要か、という問題がクローズアップされてきました。また、安全性試験は学術的な研究と違って必要な情報が決まっているので、代替法（3つめのR）の開発も熱心に進められました。その結果、アレルギー性、刺激性など主な動物実験項目については代替法が確立しています〔11〕。

この動きはEUで先行して進んでいます〔12〕。1993年には、1998年までに動物

〔8〕動物の権利運動の具体的な主張は第5章などで紹介する。

〔9〕実験施設の内情を暴露したり、動物愛護法違反で実験者を告発したり、場合によっては動物実験施設に侵入し動物を盗んだりといったこともおこなわれた。

〔10〕日本ではこの国際的な動きへの対応は鈍く、実験動物の福祉については研究機関や学会のガイドラインに任せる状態が続いていた。しかし、徐々に法律や指針の改正が進み、2005年に動物愛護法が改正された際に「3つのR」の原則も法律の条文に盛り込まれた。

〔11〕ここには当然、動物実験全廃派との論争もかかわってくる。全廃派の「動物実験なんて本当に必要なのか」という問いかけに対して、動物福祉派は化粧品の動物実験を廃止することで「本当に必要なところ以外ではしていない」と胸を張って答えることができるようになる。

〔12〕詳しくはEUウェブサイトで見られる。http://ec.europa.eu/consumers/sectors/cosmetics/animal-testing/index_en.htm

実験をした化粧品の宣伝を禁止するというＥＵ指令が出ます。その後何度か期限が延長され、２００４年に化粧品の最終製品に対する動物実験の禁止、２００９年に化粧品の成分についての実験もいくつかの例外を除いて禁止、２０１３年には化粧品についてのあらゆる動物実験が禁止となりました。この禁止令はＥＵに化粧品を輸出しようとする海外のメーカーにも適用されるので、日本も対応をせまられているのです。(13)

●化粧品の動物実験の規制は本当に必要なのか

さて、ここまで、欧米、特にＥＵが進んでいると書いてきましたが、倫理問題についてきちんと理解するためには、いったん立ち止まって、本当に欧米の化粧品についての規制は正しい方向に進んでいるのか、もしかしたら「反応がにぶい」と言われる日本の対応のほうが理にかなっているのではないか、と考えてみることは大事です。

第1章、第2章では伴侶動物に対する責任を考えましたが、動物実験用に育てられている動物は伴侶動物ではありません。同じウサギでも、伴侶動物なのか実験動物なのかで、人間の側の責任が違ってくることはあるかもしれません（ウサギからしてみれば、人間とのかかわり方の違いでそんなに扱いが変わるのはよい迷惑かもしれませんが）。

さらに、伴侶動物を虐待するのは何ひとつよい結果を生みませんが、動物実験は（たとえそれが化粧品の安全性の試験であっても）なにかしら人類の幸福に貢献するはずです。「そんな幸福はいらない」と言う人に対しては、「その発想は人類の発展を阻害しかねない」、「なぜそこまでして実験動物に配慮しなくてはいけないのか」と開き直ることもできるでしょう。

こういった考え方に対して、みなさんはどのように答えるでしょうか。

---

(13) 厚生労働省の２００６年の資料では、動物実験の削減、洗練、代替を促す記述が多く見られ、欧米での動きを意識していることが読み取れる。たとえば、かつて毒性試験の標準だった**LD50テスト**（投与された動物の半数が死亡する用量を調べるテスト）は、ＯＥＣＤ（経済協力開発機構）で不必要に残虐な実験として禁止されたことを受け、２００２年以降に実施されたものは証拠として受け入れられないと明記された。
http://www.pmda.go.jp/operations/notice/2006/file/jimu20060719.pdf

映画・小説・マンガから

動物実験を扱う小説や映像作品はそれほど多くはないが、たとえば、『１９９９年のよだかの星』という、森達也による動物実験をテーマとしたドキュメンタリーがある。意外なところで、ハリウッド映画の『キューティ・ブロンド２ ハッピーＭＡＸ』は、主人公が化粧品のための実験禁止の運動に立ち上がる話である。

大好物のトンカツ

後日、僕たちは調査の報告を兼ねて沢田さんの家へ遊びに行った
あっ、根岸と今上です！
ハーイ！開けるね
カシッ
おじゃましまーす…
わーっ玄関広ーい!!
おっおじゃまします！
そんなに広くないよー
どうぞどうぞ上がって！
デレデレ
沢田さんの家…
沢田さんの部屋…!!
……
ドッス!!
痛っ
?!
スタスタスタスタ

…そうなんだ。じゃあ
もうお父さんの会社じゃ
やってないんだね。
よかった！
薬ならともかく、化粧品みたいな嗜好品のためにするのはどうか…って声もあったみたい
人間のエゴじゃないのかって
沢田さんの部屋…じゃなかった
聞いてる!? 琳太郎!!
たぶん私みたいにメールした人がたくさんいて会社も考えたんじゃないかなあ
それで…
ガチャッ
おーい帰ったぞ
…何だ誰もいないのか
うわっ
おお、友達か？
お父さん…！
おかえりなさい…
帰って来るの早っ…
こんにちはおじゃましてます！
ん…なんだその資料は
お前…また何か首を突っ込んでるのか？

ち、違うんです!!
これ私たちのクラスの
社会の授業でたまたま
集めたやつです!
蘭ちゃんが
直接もらったこと
あるって聞いたので
偶然だねって!!
ねっ!!
琳太郎!!
えっ!?
うん!
………
まあどうせ
動物実験の賛否に
ついてなんだろう?
うちの会社にも
問い合わせや
いやがらせの電話が
来ていたみたい
だがな
「何の罪もない
動物を虐殺する
のか!」
とかな
……
ドクッ
………
でもな、そういう連中が
実験動物のことを
どれだけ知ってるって
いうんだ?
安全な製品を
作るためには
どうしても動物たち
の助けが必要だ
とはいえ、動物たち
への愛着もある…
だからみんなその命を
むだにしない覚悟で
やってるんだぞ

君たちだって毎日、牛や豚や鶏の肉を食べるだろう
人間が生きるために犠牲になってもらうという意味では何も違いはない
お…お肉は生きるために食べないといけないもん…
化粧品とは違うもん
そうか？お前はおいしいから、好きだから食べてるんじゃないのか？
食べない選択だってできるというのに
……
ハラハラ
君たち
自分が食べている豚や鶏がどんなふうに育てられているか知ってるか

モヤ
モヤ
牛は……
日本では、牛を放し飼いにしている農家はそこそこある
しかし、豚や鶏はブランドものでもない限り、そうではない
徹底的に合理化されていて身動きもとれない狭いケージの中で一生を過ごすんだ
まるで肉や卵をつくる工場だ まだ実験マウスのほうが快適に過ごしているくらいだろう
実験動物も家畜も殺すときは今ではほぼ苦痛のない方法でやっている
ただ、家畜の屠殺はうまく意識が奪えなくて暴れることもあると聞く
実験動物が「かわいそう」ならこんな家畜も「かわいそう」じゃないのか？
違うと言えるのか？

ごめんね、なんかお父さん早く帰ってきちゃってあんなふうになって
ううん、私たちも何か考えるきっかけになったよ
小さいころさあ「いただきます」ってちゃんと言いなさいってよくしかられたよ
豚さんや鶏さんやお魚さんにも感謝して食べなさいって
ウチもだよー！だからできるだけ残さないようになったの
残すどころかいつもすごい食べっぷりだよ
うちは…「農家の人に感謝しなさい」だったな
…!!
！
でも…誰に感謝したって
結局最後に命を奪っちゃうことに変わりないよね

今上
ただいまぁ
あっ？
このにおいは
おーっお兄
来たな来たな〜
今日の晩ごはんはトンカツで〜す!!
お兄の大好きなトンカツ〜!!
おいしそうだねぇ〜ピータ！
こらサッコやめなさい食卓で！
……
？
？
この…トンカツになった豚とピータの違いって何だろう…
何だと思う？
？

違い？
わかんな～い！
どっちも動物じゃん！
ピータはそんなにかわいがるのに豚は平気で食べるんだな
ピータだって肉だぞ
？
!?
なんでそんな変なこと言うの…？ピータ食べるわけないじゃん！
お兄最近ピータのこと嫌いなんでしょ!?
そんなんじゃないよ…
……
いただきます…
モグ
モグ
おいしい…

犬や猫と、豚や鶏は違うのか？

琳太郎の悩みは目の前のトンカツとともにどこかへ行ってしまいそうですが、**肉食**をめぐる問題、とりわけ現代の集約的畜産業の問題はそう簡単に解消しません。世界的にもこの問題は拡大しこそすれ、決して沈静化していません。ここでは、肉食をめぐる論争に加え、沢田さんのお父さんの立場や意見についても考えてみたいと思います。

●集約的畜産業

２０１３年の農林水産省統計によれば、日本ではおおよそ、乳牛140万頭、肉用牛260万頭、豚970万頭、採卵鶏1億7千万羽、ブロイラー1億3千万羽が飼育されていました。また、牛の放牧率は乳牛が約30％、肉牛が12％という数字が出ています[1]。沢田さんのお父さんが言うように、現在の畜産業は、決して牧場でのんびりと動物が生活しているわけではないのです。また、同じ統計によれば、豚は畜産業者1戸あたりの平均頭数が１７００頭、採卵鶏が1戸あたり5万羽、ブロイラーが1戸あたり5万4千羽です。業者は農家というよりも会社であり、たとえば豚は、970万頭のうち700万頭が会社に飼われています。会社といっても内実はいろいろでしょうが、畜産業が全体として「一頭一頭手塩にかける」という雰囲気でないことはうかがえるでしょう[2]。

こうした大規模な畜産業にはさまざまな「合理化」が必要です。これを**集約的畜産業**とか、あるいは批判の意味をこめる場合には**工場畜産**とよびます。ニワトリの場合はバ

（1）豚やニワトリについては「放牧率」が出されていないが、そもそも屋外での飼育がほとんどおこなわれていないからである。

（2）もちろん、一頭一頭手塩にかける農家もあり、マスメディアでもしばしば取り上げられる。しかし、頭数の比率で言えば、そういう飼われ方はほんの一部だということも認識する必要がある。

タリー・ケージという狭いケージの中で身動きがとれないようにして、糞が下に落ちるように足元も金網にし、卵も自動的に回収するしくみが開発されてきました。豚の場合、集約の度合はさまざまですが、大規模な畜産業者では、子どもを生むメス豚の多くが、ストールとよばれる、体の向きも変えられない狭いスペースで飼われます[3]。

肉用の牛、豚、ニワトリはその後屠殺され、「肉」になります。その途中の移動でのストレスや、屠畜で一瞬で意識を奪うのに失敗して苦痛を与えるといった事故も問題視されることがあります[4]。

●飼育動物の「5つの自由」

第3章の解説でも**動物福祉**という言葉を紹介しましたが、これは、1965年にイギリス議会に提出された「**ブランベル報告書**」と呼ばれる報告書で最初に使われたようです[5]。この報告書の考え方は、その後、飼育動物が享受すべき「**5つの自由**」、すなわち「**飢えと渇きからの自由**」「**不快からの自由**」「**痛み、障害、病気からの自由**」「**正常な行動を表現する自由**」「**恐怖と苦悩からの自由**」として整理されるようになりました。

身動きもとれないほど狭いケージでは、「正常な行動」もできないし、ストレスという不快や苦悩を生むし、およそ「5つの自由」の精神には反するものとなります。

豚やニワトリが身動きがとれないなんてあたりまえじゃないか、と思う方もいるかもしれません。そこでひとつ比較対象として考えてほしいのが、伴侶動物の犬や猫です。犬や猫を、体の向きも変えられないような狭いケージで飼育している人がいたら動物虐待とみなされる確率が非常に高いでしょう。犬に対してなら虐待になることが、豚だったら虐待にならないのでしょうか。ならないとしたらそれはなぜでしょうか。

---

〔3〕牛はニワトリや豚に比べるとまだ自由度が高いが、仔牛肉（ヴィール）用の仔牛の飼育は批判の対象としてしばしばやり玉に上がる。詳細は参考文献などを自分で調べてみてほしい。

〔4〕そのほか集約的畜産業に対しては、大量の飼料を必要とすることから環境破壊を生んでいるという環境問題の観点や、家畜を育てるための穀物を人間が直接食べれば食糧難は解決するのに、といった食糧問題の観点からの批判もある。

〔5〕この前年、ルース・ハリソンが『アニマル・マシーン』という本で、「工場畜産」という言葉を使って集約的畜産業の批判をおこなった。それに答えて、畜産業における動物の福祉の重要性を科学的な裏づけをもって論じたのがこの報告書である。

● ベジタリアニズム

肉や動物性食品を食べない**ベジタリアニズム**〔6〕という立場は昔から存在しますが、集約的畜産業への批判の高まりによって新たな力を得ています。**ベジタリアン**となる理由は、宗教的な理由や栄養的な理由、ここで見た動物倫理的な問題、環境や食糧の問題と多種多様です。また、理由によって、何を食べ、何を食べないかも違ってきます。たとえば、通常ベジタリアンといえば乳製品や卵は許容するのが一般的で、それも食べないのは**ヴィーガン**とよんで区別します。

ここで紹介したような集約的畜産業への批判としてベジタリアンになる場合、乳製品や卵をまったく気にしないというのは考えにくいでしょう。特に採卵鶏は集約化がとりわけ進んでいる家畜で、集約化を問題と考えるなら避けて通ることはできません。逆に、集約的畜産業を批判するというだけであれば、厳格なベジタリアンになる必要はありません。「5つの自由」をはじめとする一定の基準を満たした飼育方法で育てられ、苦痛が絶対生じないように配慮しながら屠畜された動物は食べてもよさそうです。〔7〕

● 産業動物と実験動物

ここで、沢田さんのお父さんの意見についてちょっと考えてみましょう。お父さんの発言はなかなかトゲがありますが、実際に動物実験に携わる人たちからすると、動物実験廃止運動側の主張は、「データが古い」「偏っている（実際はマウスとラットが大半なのに犬の写真ばかり使うなど）」「代替法の威力について楽観的すぎる」など、いろいろ不満があるようです。ただ、反論のために前面に出たり具体的なデータを出したりすると、会社や個人に対する新たな嫌がらせを生むのでは、と不安をもつ人も多いようです。

---

〔6〕ベジタリアニズムはしばしば「菜食主義」と訳されるが、本書ではカタカナ表記で統一する。というのは、この「ベジ」は野菜の「ベジタブル」ではなく、語源になったラテン語の *vegetus*（元気な、生き生きした）だと説明するベジタリアンが増えており、また、実際に、ベジタリアンとよばれる人が必ずしも野菜だけを食べるわけではないからである。

〔7〕実際、まずは月曜を肉を食べない日にする「ミートレスマンデー」などという社会運動もある。これは、宗教的理由で肉食を批判する人にとってはあまり意味のない選択かもしれないが、大規模な畜産業を改善していくという観点からは十分有意義な運動とみなせるだろう。

〔8〕そうした取り組みの事例として、p.40の脚注で名前を挙げた資生堂は、動物実験廃止運動団体も含めたステークホルダーとの会合を定期的にもち、その結果として動物実験廃止を決定している。こうした対話の場が広がっていくことが、動物実験について理性的な議論を進めていくうえで大事であろう。

動物実験の是非について、データにもとづいた理性的な議論をすることはとても大事です。そのためには、動物実験が必要だと考える側と廃止運動の側が、お互いを信頼できるような状況をつくっていく必要があると思います[8]。

それはともかく、沢田さんのお父さんの意見のような、嗜好品のための動物実験と肉食は動物の利用法として本質的に違わない、という考え方は説得力があるでしょうか。畜産業のために飼育される動物は**産業動物**の一種です。実験動物も広い意味での産業動物と考えてよいでしょう。また、化粧品のための動物実験は嗜好品のために犠牲にしているわけですが、肉食も、本当にこんなに大量に食べる必要があるかという観点からは嗜好品としての性格が強いでしょう[9]。動物実験については国内法でも規制ができつつあるのに対し畜産業の規制は遅れている点や、飼育される頭数の規模がまったく違う点では、むしろ畜産業のほうが問題が大きいかもしれません。

●感謝すれば何をしても許されるのか

最後に、琳太郎たちが話していた、「牛や豚にちゃんと感謝して食べる」という意見について考えてみましょう。

動物という文脈を離れて考えてみたとき、「相手の苦しみの上に自分の楽しみが成り立っていても、相手に感謝すればその楽しみは正当化される」と言えるでしょうか。いじめっ子がいじめられっ子に「いじめられてくれてありがとう」と言えばいじめは正当化され、そのまま続けていいのでしょうか。「それはあくまで人間の話で、相手が動物のときは話が違う」という返事が返ってくるかもしれませんが、どう「話が違う」のでしょう。ちゃんと筋道だてて説明できますか。

---

〔9〕もちろん、肉を食べるのには栄養学的な理由もあり、単なる嗜好品とは言い切れない。とはいえ、肉から得られる栄養の大半は大豆など植物性食品からも得ることができる。また、厳格なヴィーガンはビタミンB12が欠乏するが、卵などを少量でも摂取すればビタミンB12欠乏症を回避できることが知られている。

映画・小説・マンガから

宮沢賢治の短編小説「ビジテリアン大祭」は、肉食の擁護派と反対派の議論が大半を占める。小林ユミヲの『にがくてあまい』はベジタリアンがベジタリアン料理を紹介するマンガ。集約的畜産業の様子にカメラをむけた映像作品としてはドキュメンタリー『いのちの食べかた』、劇映画『ファーストフード・ネイション』（肉牛を「解放」しようとする動物愛護活動家が登場）などがある。もう少し広く肉食について考えるには、ドキュメンタリー『ある精肉店のはなし』、劇映画『ブタがいた教室』なども参考となる。

動物園

5 ペンギンの逃亡

先生は実験や食用のためにせまい所に動物を閉じこめることについて
どう思われますか?
ガバッ
!?
そ…そうだな
難しい問題だな、それは
時間があるとは言ったが
…答えるには足りなさそうだ…
最近いろいろあって考えちゃってるのはわかるけど
今はダメだよめっちゃ浮いてる!!
今上、あとで職員室に来なさい
ええっ…!?
……

週末
琳太郎今日はまだ来てないんですか？
COFFEE
うん見てないね
いつもならもう来て本を読んでるころなんだけど
……!!
心当たりが？
金曜…放課後に職員室によばれていったのを見たっきりで…
職員室!?
ガミガミ
もしかして…先生に怒られて生き物探偵嫌になっちゃったとか……
もう探偵なんてやらない…
何やらかしたのリンタ
私まだウミウシの依頼が来るまでやめたくないよ!!
ウミウシ？
ピピピ
あっ琳太郎!? 今日探偵の日だよ大丈夫？
先生に何言われたかはわかんないけどやめるなんて…
えっ？
動物園にいるの？

ZOO
ようこそ
WELCOME
久しぶりに来たなぁ…
ニヤッ
琳太郎とはまあどこかで会うでしょ!
ウロ
ウロ
センザンコウかっこいい!!
セスジキノボリカンガルー
何とも言えない雰囲気!
!
えっ、自分で餌を取り出して食べるの?
わーっ振り回してる
あれ?キリンとシマウマ同じ所になってる
へえー!前と変わったんだ
ひと回りしてきちゃったな…
もうじゅう ライオン
キリン・シマウマ ヘビ・はちゅうるい
チンパンジー オランウータン

あ、いたいた
何してんの？
清音
こいつらにさあ
人間と同じ人権が
あるって言われたら
どう思う
こいつら…って
チンパンジー？
この本を
柳先生に借りたんだ
まだ全部は
読めてないけど
大型類人猿の
権利宣言
よかった…
怒られたんじゃ
なかったんだね…
??
ゴリラとかチンパンジー
なんかは大型類人猿といって
ほかのサルに比べて
とても人間に近いんだってさ
たとえばさあ…
人間だったら本人の意志
に反して監禁なんて
しちゃいけないだろ？
えっ？
うん…
だから人間に近い
大型類人猿にも
同じように人権を認めて
こういう所に閉じこめちゃ
いけないんじゃないか…
っていうことらしいよ

そう？
広々してて
いいんじゃない？
じゃあ清音は
一生この中に
いたいと思う？
う…
イヤ…かも
大型類人猿だけじゃなく
ほかの動物にも
そういう権利がある
「種差別」は
やめるべきだって
主張する人も
いるみたい
種差別…
そう
「人種差別」や
「女性差別」と同じで
肌の色や性別が
別扱いする理由に
ならないなら
どの種に属して
いるかだって
別扱いする理由に
ならない…
というわけ
へー…でも
そういうの
言い出したら
キリがなくて
困っちゃいそう
どんな生き物も苦しめ
てはいけないっていう
考え方だから
対象になるのは
苦痛を感じる能力のある
生き物らしいよ
大石さんと同じ
基準だね
ふーん…
じゃあウミウシも
水槽に閉じこめるの
よくないんだ
飼いたかった
けど…
えっ
ウミウシって
苦しむの!?
たぶん…
たぶん
かよ

ピンポンパンポン♪
あれっなんかあわただしい…
ご来園中のみなさまにお知らせです
ただいまペンギン舎「なみうち水槽」からフンボルトペンギンが一羽逃げ出しております
!?
見つけられた場合はお手をふれず、お近くの職員に…
あ、あの!ペンギン水槽も変わったんですか?
前は逃げる所なかったような…
そうなんですよ～昨年改装して広々した感じになりまして…
できるだけ自然に近い形にして動物が自由に行動する姿を見ていただくようにしてるんです
「環境エンリッチメント」っていいまして動物にも快適に暮らしてもらえるように考えられてるんです
そうなんですか！久しぶりに来たらいろいろ変わっててびっくりしました
おもちゃとか仕掛けとか
ああ、それも「環境エンリッチメント」のひとつで退屈しないようにっていう工夫ですね

でも逃げ出すってことはまだまだ退屈してる…のかもしれないですよね
デート中すみませんでした見かけたら教えてくださいね！
えっ？ デート!? ち、違います！
デートだって
なんで笑うのよ
デートしてるように見えるんだ…
それよりさ
その後ろで寝てるペンギン、今
ハァ!?
ガク ガク
なんでさっき言わないの!?
いやあ…
このまま逃げたらこいつはどういう生活を送るんだろうって思って…
その後、報告、確保されペンギンの短い逃走劇は幕を閉じました
琳太郎ちょっと前と違ってきた…？

Lecture

動物には自由に行動する権利がないのか？

琳太郎が先生から借りた『大型類人猿の権利宣言』[1]は実際に存在する本です。なぜこれが書かれたかという話は少し後に回し、動物園をめぐる問題から見ていきましょう。

●動物園の成り立ちと役割

日本語の「動物園」にあたる英語はzooですが、これはzoological park、つまり「動物学公園」の略です。現在でも欧米の動物園の正式名称は、zoological parkなどとなっているところがけっこうあります。[2] 動物園には次の4つの役割があるとされます。[3]

① 希少種の保護などの環境保全の役割
② 野生動物や環境について教育する教育の場としての役割
③ 野生動物や環境についての研究をおこなう研究センターとしての役割
④ 市民を楽しませるレクリエーションの役割

日本では一般に、「レクリエーションの役割」ばかり強調されるきらいがありますが、動物園の成り立ちからいえば、むしろ研究という役割が最初にあり、それが市民教育、さらにはレクリエーションへ拡張されてきた、というほうが正しい認識だといえます。

●展示動物と環境エンリッチメント

動物園の動物は、ここまでに紹介した実験動物や産業動物（家畜）と対比して、**展示**

〔1〕巻末のブックガイド（p.143）参照。

〔2〕最古の動物園とされるロンドン動物園は、ロンドン動物学協会の研究施設として1828年に設立され、それが後に一般にも公開されるようになったものである。

〔3〕日本動物園水族館協会のウェブサイトでもこの4つがうたわれている。http://www.jaza.jp/about.html

動物とよばれます。実験動物や産業動物は人間が飼育しやすいように選択されたり品種改良を重ねたりしてきた存在であるのに対し、展示動物の多くは野生種です。[4]

飼育員さんがマンガのなかで話していた「**環境エンリッチメント**」というのは比較的新しい言葉で、飼育される動物の生育環境を豊かにすることでその動物の福祉を向上することを指します。[5] たとえば、本来の生活範囲よりも狭い場所で飼育される動物は、その種にとって自然な行動がおこなえないことが大きなストレス源になります。その場合、ケージを大きくする（大型の動物なら放飼場を与える）ことはもちろん、同じ広さでもいろいろな活動がおこなえるようにケージの中に設備を導入することも典型的な環境エンリッチメントです。そのほかには、餌を食べるのに時間がかかるようにして退屈させないようにしたり、社会性の高い動物であれば他の個体と一緒に飼育して社会生活が送れるようにしたりするのもエンリッチメントとなります。[6]

さて、動物園の４つの役割とエンリッチメントはどう関係するでしょうか。そもそも動物を集めて展示するという、ある意味必要性の低い営みは、飼育される動物の福祉への十分な配慮がある場合にのみ許されるとも考えられるでしょう。また、エンリッチメントには、動物が生き生きと動くようになって客を楽しませる、というレクレーションの意味あいもあります。これは、ただ楽しいだけでなく、その動物に対する理解を深めるという意味での教育的効果もあります。さらには、動物に不必要なストレスを与えると動物の行動を歪めてしまう可能性があり、動物の研究という観点からも望ましくありませんので、それを軽減する役目を果たすものにもなります。

では、エンリッチメントさえすれば野生種を動物園にとらえて飼育するのは問題ないのでしょうか。動物の権利運動をふまえると、そう単純には言い切れません。

---

〔4〕もちろん、展示されている個体は飼育されているので野生ではないが、生物種としては野生で暮らす種である。

〔5〕エンリッチメントの対象となるのは、動物園の動物だけでなく、実験動物や産業動物も対象となる。

〔6〕日本では「**行動展示**」の考え方のほうが一般に知られているかもしれない。これは、動物の自然な行動を誘発するようなさまざまなしかけをつくって、その行動を見てもらおうというもので、旭山動物園などの取り組みによって広まった。自然な行動をすることは福祉の向上にもつながるので、環境エンリッチメントの側面も当然あるが、発想としては少し違うところから出発している。

〔7〕19世紀前半に動物愛護が社会問題としてまじめに取り上げられるようになり、ついにイギリスで動物愛護の法律が作られたのは第一の大きな転機である。動物の権利運動の登場はそれに次ぐ第二の大きな転機と言ってよいだろう。

動物の権利の考え方

動物愛護運動の歴史を振り返ると、いくつか大きな転機があります[7]。ひとつの大きな転機が1970年代後半に登場した「**動物の権利**」運動です。この運動の登場に影響を与えたのは**ピーター・シンガー**という哲学者の『動物の解放』という本と、その本で紹介された「**種差別**」(speciesism)という概念でした[8]。これは、単に生物学的な種が違うというだけで人間(ホモ・サピエンス)と他の動物を別扱いするのは差別ではないか、という考え方です。「種差別」という言葉は、人種差別(racism)や女性差別(sexism)からの連想でつくられています。1960年代に人種差別・女性差別を撤廃する運動が展開された後、その運動で使われた論理を「種」にあてはめたのが「種差別」の概念だと言えるでしょう。種差別が本当にいけないかどうかは後の章で見ていきます。

ともあれ1980年代にこの考え方にもとづく運動がくり広げられました。主な標的は動物実験や集約的畜産業(工場畜産)で、これらの全廃が目標に掲げられました。それと比べれば、動物園はあまり話題になりませんでしたが、動物の権利という考え方を受け入れるなら、根底から問い直されることになります。人間を誘拐・監禁すれば大問題なのに、種が違うというだけで許されるのは種差別ではないでしょうか。もしそうなら、動物園はどんな立派な目的があっても根本的に不正な存在となるでしょう。

大型類人猿の権利

動物の権利運動はいろいろな動物をひとくくりに扱いますが、もちろん動物といってもいろいろです。「種差別」を正当化する理屈が比較的つけやすい動物もいれば、非常に難しい動物もいます。とりわけ難しいのが**大型類人猿**(great ape)です[9]。大型類人

---

〔8〕正確にはその前にイギリスで動物の権利運動につながる運動がはじまっていたが、シンガーが有力な書評紙でその運動を紹介し主張を整理したことで、アメリカをはじめ諸国に運動が広がった。

〔9〕日本語ではふつう類人猿も他の霊長類も「サル」とよんで区別しないが、英語では類人猿は ape、他の多くの霊長類は monkey と区別する。実際、ape と monkey では人間との近縁度でも知的能力でも大きな違いがあるので、同列に論じられない。研究者では「サル」を monkey の訳語に限定することが多い。

〔10〕近年のゲノム解析によれば、ヒトとチンパンジーは遺伝子の98%以上が一致するという。

〔11〕霊長類研究所は、世界的な霊長類学の研究センターで、チンパンジーを使った実験がよく知られている。中心的研究者である松沢哲郎は、チンパンジーを「ちんぱんじん」とよび、「一匹、二匹」でなく「一人、二人」と数えることを提案している。

猿とは、ヒト、チンパンジー、ボノボ、ゴリラ、オランウータンの５つの種を指します（ただし、以下ではヒト以外の４種を指して使います）。これらの種はヒトとの血縁的な関係が非常に近く、知的な能力や社会的な能力も高いことが知られています。[10]

大型類人猿は、ヒトに近いために、人間には実行できないさまざまな実験の対象となってきました。しかし、この近さのため、大型類人猿に対する実験には、実験者たち自身が疑問をもつようになりました。動物の権利運動は、多くの分野で研究者からあまり好意的に受け取られてこなかったのですが、大型類人猿については、ジェーン・グドールをはじめ、中心的な研究者が積極的に権利運動をおこなうようになり、日本の霊長類研究所の研究者たちもそれに加わりました。[11]『大型類人猿の権利宣言』は、動物の権利運動の理論家や活動家たちと研究者たちが協力して１９９３年に立ち上げられた「大型類人猿プロジェクト」（ＧＡＰ）の成果として出された本です。この本では、すべての大型類人猿が、**生きる権利**、**個人としての自由の保護**（とりわけ、本人の利益にならないのに監禁されたりしない権利）、**拷問を受けない権利**などをもつことが謳われています。

彼らの運動に応える形で、多くの先進国で大型類人猿を侵襲的な実験（外科手術をしたり薬物を投与したりするような実験）に使ってはならないという規則が定められました。[12]しかし、監禁されない権利をどう考えるかは難しいところです。現在の動物園や実験施設は本当に大型類人猿を不当に監禁していないでしょうか。[13]

もうひとつふれるなら、ヒトも含めた大型類人猿だけが自由の権利をもつというのは、結局ひとつの種差別を別の種類の種差別に置き換えただけではないか、という批判も可能です。ただ、その場合でも、ヒトにしか自由の権利がないという考え方と比べれば大きな前進だ、という評価はありうるでしょう。

---

(12) 日本では法律や政令でなく、学会等の自主規制として大型類人猿への侵襲的実験をしない合意がなされている。

(13) 長年実験施設で暮らしたチンパンジーをそのままアフリカに返せないので、アメリカなどでは、実験から引退したチンパンジーが比較的自由に行動できる「サンクチュアリ」という広いスペースがつくられたりしている。

映画・小説・マンガから

映画『幸せへのキセキ』の原題は We bought a zoo（動物園買っちゃった）で、倒産した動物園に住み込んで立て直す一家の実話をもとにした話。こんな邦題で動物好きが見逃してしまわなかったか心配だ。旭山動物園の取り組みは『旭山動物園物語 ペンギンが空をとぶ』などでくり返し映像化されている。大型類人猿の権利を考えるうえで、フィクションでは『飛べ、バージル プロジェクトX』という映画がおもしろい。『プロジェクト・ニム』は手話実験の対象となったチンパンジーのその後を追ったドキュメンタリー。

ヌートリアとネコ

カウン
兄ちゃん こんにちはー
おーっ リンタ！ 待ってたよ！
お前に 渡すものが
手紙？
そうそう、探偵さん宛てだよ。昨日の夕方に小学生の男の子が持ってきたんだ
土曜にまた 来るって
まつもとひろき
たんていさん、はじめまして 松本ひろきといいます。
この前、上ヶ野川で見たことがない動物を見つけました。
大きくて 茶色で…… カワイイ？
なんだ そりゃ
ま～た 難事件ぽいな～ 報告 楽しみだな！
人ごとだと 思って…!!

そして土曜日…
あ… こんにちは…！
松本《まつもと》 宏樹《ひろき》
上ヶ野小学校３年生
今日はどうぞよろしくお願いします
ペコリ
あっ いえ… こちらこそ
上ヶ野川 河川敷
じゃあその動物を見つけたのはつい最近なんだ
そうです ぼくたちもこの遊び場見つけたばかりだから…
ガサ
ガサ
昨日までは毎日いたから今日もたぶんすぐ…
あっ!!
!?
いました！あれです！

スイーー
!? なんだアレ!!
ネズミにしてはデカイ…?!
あれ〜なんか見たことあるかも…
お姉ちゃん知ってるの?
もしかしてもう事件解決?
さすが清音…
うん…図鑑で! 名前忘れちゃったな〜 何だっけ…
でもたぶん日本の動物じゃなかったよ なんでこんな所にいるんだろう
さすが探偵さん! こっちにぼくらの秘密基地があるので続きのお話はそちらで…
わ、わかりました…
琳
琳太郎よりしっかりしてるこの子…
ガサ
ん?
あれ? ゆきむーとりょーた! どうしたの? 基地は?
ガサ
あ〜ひろき!

なんかさあ知らないおじさんが基地のとこでケンカしててさ
どいてくれるのずっと待ってんの
だからなんで!腹空かしてるヤツに餌やっちゃいけねえのかっていってんだよ!!
古田《ふるた》さん
会社をリストラされ現在求職中
俺に言うなら猫に餌やってるヤツらにもちゃんと言ってんだろうなええ!?
ですから今は猫はおいておいてですね…
ヌートリアは野生動物ですから餌は困るんです~
沼木《ぬまき》さん
県の職員
あいつら最近子どもも生まれたんだ飢え死にしたらたいへんだろうが!
残酷なようですがそれも自然の摂理なので…お気持ちはわかりますけど~
餌あげちゃいけないんだなんでだろう
そっか!ヌートリアか!
やっべ!オレ昨日給食のパンあげちゃった!
うわっゆきむータイホされる~
なんだお前ら!!
うわっ

えーっ
ぐいっ
行って
ボソッ
す…すみません、あの動物ヌートリアっていうんですね
知らなかったので…
おーよ！カワイイだろ？俺はヌー吉ってよんでるけどな
毛皮になるから戦前に輸入されてたんだ。だけど需要がなくなって捨てられて野生化したんだよ
この辺りでも10年くらい前から見かけるようになったな…
んで！餌をやるのを毎日の楽しみにしてたんだ！ケチくさいお前らが文句つけてくるまではな！
ケチで言ってるんじゃないんですっ
おっしゃるとおり、あれはもともと日本にはいなかった「外来生物」なんです！
そうやって安定して餌が手に入ると、どんどん子どもを産んで増えてしまうんです！
住む範囲も広がって在来生物を脅かすんです〜！
それに実際、畑の作物を食い荒らす被害も届けられていて見過ごせません

むやみに増えられると
困るのでこうやって
注意を…
フンッ
人間様の都合で
連れてきておいて
用がなくなったらポイ！
あげく増えたら今度は
「もともといないヤツらだから
駆除する」ときたもんだ
滑稽で
しょうがねぇよ
まったく
いらねえもんは
すぐ使い捨てや
がってよ…
今の日本は全部
そうだよ
特に企業め!!
リストラ！
リストラ！
ってよ！
魂削って長年
尽くしてきた
社員をなんだと
思っ
すみません
今はヌートリアの
話です…
おっ!? お、
そうだった！
とにかく
落ち着いて
話しましょう〜
ネッ！
ウルッセェ！
なんか根が
深そう
だなぁ…

喫茶トニアン
へー ヌートリアって いうのか
お茶 おいしい です
そうなん ですよ～
あっ ありがとう ございます
それにしても… 普通に泳いでる だけなのに目の敵 にされちゃうん ですね
かわいい のにな～
ヌートリアは貝も 食べますから その貝に卵を産む魚が 減ってしまうおそれも あるんです～
へぇー 複雑 なんですね…
生態系は一度 崩れてしまうと 元に戻るのは たいへん なんですよね
それを古田さんにも どうにかして わかっていただき たいんですが…
……
何？何？ そんな ガンコな 人なの？
？
まあね…
…．
そうだ！ 増えるのが ダメなら野良猫と 同じように 去勢や避妊をするのは どうですか？
いや～難しいですね～ まず捕まえるのが たいへんで… 川に逃げますし

一匹一匹の手術の費用も それこそばかにならないので…

キョセイって何ですか?

…タマタマ取っちゃうことだよ
えっ!

外来生物といっても、ヌートリアやアライグマみたいな哺乳類のほかにカエルやクモや植物といったものだって生態系に影響を及ぼします 外来生物を規制するなら…

それらすべてにあてはまる考え方が必要でして…

街なかにいる猫とはあまりにも状況が違ってくるんですよね
「動物」「愛護」だけど猫みたいにされないのか…

街の生き物と野生の生き物
そもそも、街を流れる川にいるのは街なかの生き物じゃないのか…?

うーん混乱してきた…

そうだ!

じゃあ僕があの子たちを飼います! ペットなら餌もあげられますよね!

家がダメなら学校の飼育小屋はどうかなぁ
先生に言えばなんとかしてもらえるかも!

そうもいかないのが難しいところ…よね
外来生物は飼っちゃいけないきまりがあるんですよ〜

えー!? そんなきまりもあるの!? 誰が決めたんですか!?

外来生物は「愛護」されなくてよいか?

マンガに出てくるヌートリアは、いわゆる**外来生物**ないし**外来種**にあたります[1]。ここまで、伴侶動物、実験動物、産業動物（家畜）、展示動物と、人間とかかわりの深い動物を取り上げてきましたが、外来生物もまた別の形で人間とかかわります。ひとつ大きく違うのは、外来生物は**野生動物**であり、人間の管理下にはない、つまり人間が飼っていないということです。飼い主のいる動物の場合、飼い主に何らかの責任が発生するのは理解できる気がします。では、誰も飼っていない動物には誰が責任をもつのでしょう。問題を起こす動物を殺してよいと誰がどうやって決めるのでしょうか。

● 外来生物が引き起こす問題

外来生物というとなにかと目の敵にされている印象がありますが、問題となっているのは外来生物のなかでも「**侵略的外来種**」とよばれる生物で、**在来種**と競合したり捕食したりして絶滅させてしまうなど、生態系を攪乱する外来種です。よく知られているのはマングースの事例で、もともとハブ対策として導入されましたが、アマミノクロウサギなど、貴重な在来種を絶滅の危機に追いやってしまったことで問題化しました[2]。

また、侵略的外来種の「侵略」には、在来種と交雑して純粋な在来種がいなくなってしまうというパターンもあります。たとえばタイワンザルはニホンザルと近縁で、交雑して子孫を残すことができます。しかし、この雑種のサルが広まってしまうと純粋のニ

---

〔1〕外来生物には、当然、動物だけでなく植物なども含まれる。

〔2〕魚釣りをする人であれば、ブラックバスなども侵略的外来種としてなじみが深いところだろう。

ホンザルがいなくなってしまいかねないと危惧されています。

人間に対する影響も外来種への対策が必要な理由となります。たとえば、人間に対して毒性をもつとか、農作物を荒らすといった場合などが考えられます。ヌートリアも、農作物に対する被害が報告されているために問題視されています。[3]

●法律による規制の状況

侵略的外来種や、人間に対して被害を与える外来生物については、２００４年に制定された「**特定外来生物による生態系等に係る被害の防止に関する法律**」（**外来生物法**）で一括して規制が行われています。何らかの意味で規制が必要だということが判明している外来生物は「**特定外来生物**」とよばれます。[4] 外来生物法によると、特定外来生物に関する人間の活動は非常に制限され、特別の許可なく飼育・保管・運搬・輸入・譲渡などをすることができません。許可を得て飼育する場合も個体識別用のＩＣチップを埋め込むなどの措置が求められます。また、許可の有無にかかわらず、野外に放つ（植物や種子の場合は植える、蒔く）ことはできません。[5] また、第8章で見るように野生の鳥獣の狩猟については「鳥獣保護管理法」とよばれる法律で規制がかけられていますが、特定外来生物に指定されると、その法律にかかわらず捕獲してよいことになります。

●倫理的な裏づけ

では、この法律はどのような価値観、倫理観に裏づけられているのでしょうか。一見したところ、この法律は、「日本の固有の生態系は大事である、守らなくてはならない」という価値観に裏づけられているように見えます。でも、話はそう単純ではありません。

---

(3) マンガでのヌートリアの描写はいくつかの地域の事例を参考にして設定した架空のものである。

(4) まだはっきりしないが害をおよぼすおそれのある生物は「未判定外来生物」とよばれる。

(5) ただし、外来生物を捕獲したその場で放つ「キャッチアンドリリース」は例外的に認められている。

そもそも、この法律の対象になっている「外来」とはなんでしょうか。法律そのものにはあまり詳しい説明がないのですが、環境省のウェブサイト[6]では「海外から入ってきた生物に焦点を絞り、人間の移動や物流が盛んになりはじめた明治時代以降に導入されたものを中心に対応します」、また、「渡り鳥、海流にのって移動してくる魚や植物の種などは、自然の力で移動するものなので外来種には当たりません」と説明しています。[7]北海道と沖縄では生態系がまったく違いますが、北海道の生物が沖縄に住み着いても外来生物とはみなさないし、日本海を自力で泳いで渡ってきた生物が住み着いても外来生物ではないわけです。また、明治時代以前に日本にきた生物は、旧来の生態系を攪乱していようといまいと在来種とみなすことがわかります。

もし生態系を守ること自体が目的なら、こうした限定がつくのはおかしな話です。[8]そう思って見直すと、どうやらこの法律は、「明治時代以降に、人間が、外国の生物を持ち込むという形で、江戸時代末の時点の生態系を変化させる」という行為が悪いことだと考え、その「悪いこと」への対処は持ち込んだ人への処罰ではなく、持ち込まれた生物の駆除という形でおこなう、という意図をもつもののようです。でも、その形の生態系の変化だけを特段に悪いことだと考える理屈は成り立つでしょうか。また、仮に外国の生物を持ち込んで江戸時代までの生態系を変化させることが悪事だったとしても、その悪事のツケをなぜヌートリアが引き受けなくてはならないのでしょうか。

もうひとつ、たとえば同じ外来生物でも、タイワンザルとニホンザルの交雑のような場合は、「純血」がいなくなるだけで、生態系のしくみが破壊されるのかどうかははっきりしません。[9]こういうものも「破壊」だというのであれば、それがなぜ悪いのかについてきちんと理屈をたてる必要があります。

---

〔6〕http://www.env.go.jp/nature/intro/1outline/basic.html

〔7〕つまり、江戸時代に持ち込まれた生物は外来生物とはよばない。たとえばゾウは明治以前に何度か渡来しているので、もし野生化していたとしたら、在来種扱いになっていたかもしれない。

〔8〕そもそも日本の生態系を一番破壊しているのは日本人自身なので、純粋に日本の生態系を守るための法律であるなら、駆除するべきは乱開発をする日本人かもしれない（もちろん里山保全など、生態系を守る日本人もいるが）。

〔9〕チュウゴクオオサンショウウオやコウライキジについても、在来種と交雑することが問題化している。

一貫性のある動物政策とは

ここで、マンガのなかで県職員の沼木さんが言っていたことについて考えてみましょう。外来生物はヌートリアのような哺乳動物ばかりではなく、両生類、魚類、昆虫、クモ、植物など、非常に多種多様です。それでも、自然生態系や第一次産業に与える影響という観点から、そうした生物学的分類の違いを超えた共通性があるため、「外来生物法」という統一的な法律ができたわけです。でも、動物の倫理という観点からすれば、その統一性は「本当は別々に扱うべきものを誤って統一的に扱っている」可能性もあります。[10] 駆除される生物が感じる内容はそれぞれまったく違うわけですから、もっとその違いに応じて、動物愛護法など他の法律との一貫性がよりよく保たれる方向を考えるべきではないでしょうか。

だからといって、外来の哺乳生物も野良猫とまったく同じに愛護すべき、とまで言われると違和感を感じる人が多いことでしょう。ひとつの理屈としては、「ネコは愛玩動物として長年にわたって人間に飼われ、品種改良されてきたから、人間はネコには特別の責任をもつのだ」というのがありそうです。でもこれは本当に理由になっているでしょうか？「先祖が人間に飼われていた」「先祖が人間に品種改良された」というだけのことで、現在の（そのネコの先祖を飼っていたわけではない）人間に、今いる（野生・野良の）個体に対する何か特別の責任が発生するものでしょうか。それは連帯責任というものをむやみに広げすぎではないでしょうか。

日本では、動物に対する政策は、まったく一貫性なしに、それぞれの問題に別々の法律がつくられる形で進められてきました。ここまでに取り上げてきたさまざまな問題にもそれは表れていましたが、野生生物関連においては特にめだつように思われます。

（10） 学校の授業だって、みんなに対して同じことを統一的にやればよいというわけではない。背景知識の違いや学習障害などいろいろなニーズをもった学生・生徒がいるわけだから、ときにはそのニーズに合わせた「別扱い」を積極的にするほうが、授業の目的がよく達成される。

映画・小説・マンガから

『ダーウィンの悪夢』は、外来種によってアフリカのビクトリア湖の生態系が破壊された様子を描くドキュメンタリー。生態系の問題だけでなく貧困などの問題もあわせて描かれ、内容をめぐって論争を巻き起こした。

先生、この本ありがとうございました！
すごく興味深かったです
おお、そうか 何か思うことはあったか？
そうですね…
大型類人猿
権利
大型類人猿や感覚のある生き物だけを取りだして
人間と同一視しようとするのがやっぱりまだよくわかりません
んー そうか
「それ以外の生き物はどうなのか？」と思うわけだね 君は
はい
じゃあ逆に…なぜ、人間 つまりホモ・サピエンスという種のメンバーは特別扱いされるのだろうね
特別扱い？

憲法でいうところの「人権」つまり、「人」の「権利」ってやつだね
人権……
社会の教科書にも「すべての人が等しく権利をもつ」って載ってるだけで…
なぜ「人」だけなのか?
憲法にもそんな説明は書いてないしな~
?
?
トッ トッ
おかえり~
兄ちゃんおかえり~ってば!!
人間と動物…
違うと言えば全然違うけどなぜって正面から聞かれるとわからなくなる…
んーっ
頭痛くなってきた…

ヒソ
ヒソ…
ヒソ…
ん…
んんん!?
ぱっ!!
ギッ
?
?
ん!? なんだ ここ!?
う… 腕が…!
ねえ! ちょっと! 何ですか コレ!
?
ヒソ
ヒソ
万能の薬なのだが…
…そう…リスクが…
それだけが 問題で…

髪の毛が抜け落ちる副作用については慎重に…ええ
確認を…この実験体で…
えっ？僕で!?ダメダメ！ダメですって!!
くるっ…
ウッ…!!
ガッ
!!
痛いかもしれないがごめんね
これは重要な実験だから…

うわあ
あああ!?
ガバッ
あ、
起きた
うわあああ!?
？
？
よかった〜
元気そう
よくないよ!!
なんで僕の
部屋にいるの!?
お兄が
モテてる…!!
女の子が
二人も…
今日学校
来てなかったから
ちょっと寄ったの
お母さんに
通して
もらったよ
母さん
め……!!
琳太郎も
熱出ること
あるんだね〜
うるさい
なっ
清音は
おいといて
沢田さんも
お見舞いに
来てくれたん
だね！
ありがと…
？
……
ああ、それは
朝飲んだ
かぜ薬だよ
じっ…
ギラッ
これ…どんな
薬なの？
えっ…ふつうの
市販薬だよ
どうしたの？

昨日の帰りに大石さんに会ったのよ製薬会社に抗議活動に行くから一緒にどうかって
逃げてきちゃったけどね
それでかぁ
STOP!!
動物
そういえば、前に大石さんにもらった資料にも薬について載ってた気が…
そうなのそれを見せてほしくて
これね?
ガサ
ガサ
なんだ…心配して来てくれたわけじゃないんだね…
フフッ
薬の試験で用いられるのは主にマウスとラットで…
薬の効果も毒性についても、人間とはだいぶ違うから意味がない…って
動物実験をしたにもかかわらず副作用の被害が相次いだケースも…
でもさ、やっぱり薬の場合は動物実験が必要なんじゃないかなぁ化粧品はともかく…
さすがにいきなり人間に使うのは無理だよ
効果や毒性が動物と人間で違うっていうのも確かだけどそれに気をつけながら慎重に利用すれば、有益な情報が得られるんだと思う
そうやって新しい薬ができたらこれまで治らなかった病気が治ったりたくさんの人の命が救われたりするよね
決して不必要じゃないと思うんだけど

それって人間とネズミの命を天秤にかけるってことでしょ？
命の重さは比べられるものじゃないと思うのに…
あれ…この話題そういえば…
どうして人間だけ特別なんだろうね
どこの種に属しているかは差別の理由にならない
大型類人猿の権利
「種差別」の考え方だ…！
確かに「命は平等」って教わるけど…でもやっぱり人間は特別なんじゃないかなあ
そう言えるってことは人間には何かほかの動物にはない特徴があるってことよね
そんな特別なものってある？
た…たとえば絵を描くとかペットを飼うとか…
アリがアリマキを飼う話があるわね
絵を描くゴリラもいたな確か…
琳太郎
字を書いたり二本足で歩いたり…
じゃあ文字の読み書きのできない人はどうなるの？車いすの人は？
………

実は柳先生に同じ質問をされて
ずっと考えてたんだけど…
「社会のルールに従える」
っていうのは人間だけの
特徴じゃないかな
な
なるほどー
でもそういう条件で
人間を特別視するってことは
人間の命にも差をつけることに
なるんじゃない？
!?
ルールのわからない子どもや
認知症の老人は人間じゃない
ってことになるわよね？
それは…
それは本当に
わからないんじゃなくて
幼いとか病気とか
理由があるから…
じゃあ
「本当」か「本当じゃない」の
違いは何かしら？
……
そ…それは
つまり…遺伝子の…
いや脳か…ん？
本当？ 本当って
いや
あれ？
シュー
!?
ごっ
ごめんね
今上君!!
熱があるのに
こんな…!!
私冷やすもの
もらってくる！
あ、
うん
ありがと
沢田さんが…
心配してくれた…
!?
何鼻の下
伸ばしてん
のよ
ドゴッ
ヴッ!!
ただの
知恵熱
じゃないの！

Lecture

実験動物のマウスには生きる権利はないのか？

今回はなかなか理屈っぽい展開になりましたが、沢田さんの議論にはついていけたでしょうか？　まずは琳太郎と一緒に、なぜ**人権**は生物学的にいうところのヒト、すなわちホモ・サピエンスだけに認められているか、ということを少し悩んでみましょう。

● 憲法などにおける人権

そもそも本当に人権はヒトだけに認められているのでしょうか？　「日本国憲法」では、基本的な人権については「全世界の国民が、ひとしく恐怖と欠乏から免かれ、平和のうちに生存する権利を有する」（前文）、「この憲法が国民に保障する基本的人権は、侵すことのできない永久の権利として、現在及び将来の国民に与へられる」（第11条）といった表現がとられています。つまり、人権をもつのは「国民」であって、実は「ヒト」に限るなんてことは憲法には書いてありません[1]。

「アメリカ独立宣言」は以下のように述べています。「われわれは、あらゆる人は平等に創造されている（all men are created equal）ということ、また、造物主によって生命、自由、幸福追求の権利を含む、いくつかの剥奪不可能な権利（certain unalienable Rights）を与えられているという真理を、自明なものとみなす[2]」。ここでは平等な人権というものが人（men）、つまり生物学的なヒトに限定されることがはっきりしています。ただこれは、神様が人間にそういう権利を与えた、という話なので、その宗教を信じて

〔1〕もちろん、日本で現在「国民」として認められるのはヒトだけである。しかし、「国民」の要件は国籍法という法律で決められており、そこにも実はヒトに限るとはっきりは書いていない。それどころか、外国人が日本人と認められる要件が定められていて、そこにも「ヒトに限る」とは書いていない。ということは、どこかの外国で「ヒト」以外のものを「国民」と認め、その何かが日本への帰化を希望して認められたなら、今の日本の法律をまったく変更しなくとも、日本でヒト以外のものが人権をもつことがありえる。

〔2〕この有名な一文には多くの邦訳があるが、ここでは原文から訳し直した。

いない人にとってはなぜ「ヒト」だけなのかについての説明にはなっていません。

「世界人権宣言」では「人類社会のすべての構成員（all members of human family）の固有の尊厳と平等で譲ることのできない権利」という表現がとられています。[3] 対象が生物学的なヒトに限定されるのは「人類」という文言からはっきりしていますが、ヒトに権利があることはこの宣言の大前提であり、なぜヒトなのかは論じられていません。でも、こんな大事な基本的なことがこのようにあいまいなままでは困りますよね。これらの憲法や宣言に代わって、「特別扱い」の根拠を考えてみる必要がありそうです。

所詮人間がつくったものだから人間だけが権利をもつことになるのは当然、という見方があるかもしれません。でもそんな理由が認められるんだったら、男性のつくった憲法だから「あらゆる男性は平等である」と宣言してもいいことになってしまいそうです。

別の角度からの答えとして、ちょうどこれらの憲法や宣言が出された当時、権利のために戦っていたのが女性、黒人、宗教的マイノリティなど、人類としての平等の権利を求める人たちだったから、とも言えます。でも、この考え方をとるなら、今、動物の権利のために戦っている人たちが現にいるわけですから、もはやこれらの憲法や宣言は古く、権利の主体をヒトに限定しない新しい宣言を出すべきだ、となりそうです。

● 医療のための動物実験

動物実験をめぐってどういう問題があるかについては第3章で簡単に紹介しました。ただ、そこで検討したのは、化粧品のためという、比較的必要性の薄い動物実験でした。**医療のための動物実験**はそれとは比べものにならないくらい、人類にとって重要な位置を占めています。[4] 現在使われている医薬品の多くは、効果の有無や毒性・副作用の有無

〔3〕これについては国連サイトでリンクされている公式の翻訳があるので利用したが、human family は、「人類社会」というよりは、「人類という同胞」といったニュアンスであろう。 http://www.ohchr.org/EN/UDHR/Pages/Language.aspx?LangID=jpn

〔4〕第3章の脚注でも指摘したように、もちろん医療のための実験にもいろいろあり、化粧品と比べて本当に常に必要度が高いのかは検討が必要である。

を確かめるための動物実験を経て、人間に試験的に適用され、最終的な認可に至ります。効果を確かめる際には、まず、モデルとなるマウスなどの動物に病気を発症させ、それに対して薬品を投与するという方法がしばしば用いられます。[5] 医療の発達がさまざまな病気から人間を解放してきたことはまぎれもない事実です。そのために多くの動物実験がおこなわれてきたのです。

これに対して、動物の権利派は、動物実験が使われてきたのは確かだが、本当に必要だったのか、と問い返すでしょう。人間以外の動物（特に実験によく使われるマウスやラットなどのげっ歯類）は人間と生理的なしくみが違います。ということは、人間に対する毒性を調べようと他の動物を使っても、人間に毒性のある薬品が無害だと判断されたり、[6] 逆に、人間には非常に有用で無害な薬品が、マウスに毒性があるために実用に至らない、ということが起きるかもしれません。

これに対して動物実験擁護派は、たとえば、無数にある治療薬候補のなかから有望なものを絞り込むには実験の数をこなすことが必要で、これは動物実験抜きにはほぼ不可能である、と反論するでしょう。もちろん人間と実験動物の違い（とりわけ動物に毒性がない薬品が人間に毒性をもつ場合）には十分注意する必要がありますが、動物実験が済んだからといっていきなり薬品が認可されるわけではなく、人間を対象とした治験が（参加者の同意の下に）慎重におこなわれるから心配しなくてよいと言えるでしょう。

しかし、動物の権利派は、もっと根本的に、医学の進歩がどれほど人間にとって大きな利益となろうとも、そのために他の動物を苦しませることは不正だ、とも主張します。その根拠となるのが**限界事例からの議論**です。

---

〔5〕実験動物の選択は、その病気の症状などができるだけ人間に近いもの、という観点で行われる。この観点から、ウサギ、モルモット、場合によってはイヌやサルも使われることがある。近年では遺伝的にその病気にかかりやすいように改変したマウスやラットが使われることも増えており、それによって研究の効率が上がっている。

〔6〕有名な例としてサリドマイドがある。サリドマイドは1950年代に、当初は安全な催眠鎮静剤として発売されたが、発売から数年して妊婦が服用したときに「サリドマイド胎芽症」とよばれる催奇形性をもつことが判明し、国際的な社会問題となった。動物実験ではまったく検知できなかった。

●限界事例からの議論

第5章で紹介した動物の権利運動や**種差別**という考え方を支えるのが、「限界事例からの議論」とよばれる一連の議論です。実はマンガで沢田さんが琳太郎たちに向けてやっていたのがこの「限界事例からの議論」なのです。

動物の権利運動は、動物にも人間と同じように、生きる権利や行動の自由の権利を認めよ、そうしないのは種差別だ、と論じます。たとえば、致死的な動物実験に「本人」の同意なしに参加させるのは生きる権利の否定ということになります。

この議論に対してすぐ思いつくのは、人間と他の動物は違うのだから、人間にだけ人権を認め、他の動物に対応する権利を認めないのはちっとも変ではない、という答えでしょう。しかし、動物の権利派の人は、「ほう、人間と他の動物が違うというけれど、一方にあらゆる権利を認め、他方に一つも権利を認めないという極端な差をつけるほどのどんな違いがあるというのかね?」と聞き返してくるでしょう。

動物の権利を認めない側は、この聞き返しに慎重に答えなくてはなりません。たとえば、「人間は言葉がわかるけれど、動物はわからないじゃないか」と答えたら、「じゃあ、言葉が理解できない人、たとえば乳幼児や重度の精神障害をもっている人は動物なみに扱っていいのかい?」とすかさず反撃が返ってくるでしょう。「人間は動物と違ってルールが理解できるから」を理由にすれば、ルールを理解できない人の例が簡単に挙げられます。たいていの理由について、「ホモ・サピエンスだけれどもその理由があてはまらない人」を思いつくことができるのです。そうした人のことを「**限界事例**」とよびます。

この議論は非常に強力です。何かうまい答え方はあるでしょうか? 考えてみてください。[7]

---

[7] 「人間は心をもつが、他の動物は心なんかもたない自動機械のようなものだから、動物には何をしたっていい」という答えを思いついた人はいるだろうか。これは実際に17世紀ごろにヨーロッパで考えられた。このころのヨーロッパでは、人間と他の動物は神様が別々に創造したと信じられていたので、神様が人間だけに心を与えたという考え方にはある程度信憑性があった。しかし、19世紀に進化論が提唱され、人間と他の動物は同じ先祖から分かれてきたことをほとんど誰も疑わなくなったため、今これを主張するのはそうとう時代錯誤である。

映画・小説・マンガから

『猿の惑星 創世記』の主人公のシーザーは動物実験の結果、高い知性を得るようになったチンパンジーであり、観客はそのシーザーの目を通して、知性があるにもかかわらず「ヒト」扱いされないということの理不尽さを体験するしかけになっている。SFではあるが、現実の動物実験をめぐる論争を意識して物語が組み立てられている様子がうかがえる。

8 シカにサルにイノシシも！

!
ヌートリアも畑を荒らすっておっしゃってましたよね
ヌートリアはまだかわいいものなんですよね～実は…
この辺だとシカに加えて特にサルやイノシシもタチが悪いんですよ～
野生の動物って減ってるイメージだったんですけど…
そもそも野生の鳥類や哺乳類は「鳥獣保護法」で保護されているんですね
資格のない人が勝手に捕っちゃいけないというふうに
そのせいで増えすぎている種もあるんです
シカは特にそうでして…以前は猟師さんが狩りをして、数もある程度抑えられていましたが、最近はその猟師さんが減ってしまって…
以前
現在
個体数管理のための狩猟依頼をしても人手不足なんです
それらをふまえて探偵君に考えてほしい問題なんですよ～
?

数十分後
着きましたよ〜
お〜沼ちゃん
おーおー
こちら、今日お世話になる雨宮さんです
その二人か見学させたいっちゅうのは
雨宮《あまみや》さん
この集落で鳥獣保護管理の仕事をしている
この子たちに対策をいろいろ見せてあげてほしいんです〜
おーええよ！
まずはこのフェンスだな
これで畑や民家の辺りに動物たちが降りて来られないようにする
へえ〜
へたにさわったらいかんよ!! 電気が流れとるから!!
ビリビリッとなるよ!!
ビクッ
!?

イノシシは掘るから下からの侵入も防ぐためこうなっている
突進による力も強いから強固な支柱でな
電気が流れている
サルの場合は上部に電気の流れるかえしを設置する
そしてこれが捕獲用の檻「箱わな」だよ
これはイノシシ用
中に餌を置いて様子を見ながら捕獲するんだ
複数捕まえられる大きいものもある
まあ、捕獲は困ったときの最終手段だがね
基本はとにかく追い返すこと二度と近づかせないってことかな
……
あの、動物の捕獲って何か資格がいるんじゃありませんでしたっけ
ああ、保護鳥獣を捕るなら狩猟免許がいるな
え、狩猟ですか!?
おう、俺も猟師だからな

はは、まあ
狩猟免許なんてもっとる
ヤツは少ないから
猟師が
こういう仕事を
することが多いな
俺も
ただの猟師だったが
いつの間にか
こんなことまで
させられてるって
感じだ
捕まえた
動物は
どうするん
ですか？
止め刺し
止め刺しと言うんだが
頭を銃で撃って殺処分
することが多いな
ここでは
そのあと
土に埋める
ことになって
おる
殺処分…
山の恵みあってこその
猟師だし、むやみに
殺すわけじゃない
人は人、動物は動物で
住み分けができるなら
それが一番いいんだけどよ
そうもいかないから

雨宮さん
来た来た！
D・・・・の群れだわ
!!!
え？
えっ
君らタイミングちょうどだな
サルの群れが降りて来たわ
見かけても近づいたらいかんよ！
それは…？
鳥獣駆除用の花火だよ
煙と大きな音で追い払うんだ
よし、フサ、クロ行こか
ワヴーンッッ!!
うわっ
ガサ…
ワンッワン
ガサッ

パンッ
ワンッ
ワン ワン
ガサ
ガサ
ガサッ
パンッ
パァーン
パァーン
ハア…
やっぱり実際の様子を目のあたりにすると緊張しますね
あんな集団で来るなんてそりゃ放っておけないよ
いつ来るかもわからないですしね
探偵君は以前、ヌートリアも猫みたいに保護できればって言っていましたよね
ああいう外来生物に比べて、もとからいるシカやイノシシは確かに保護されているんです

でも、保護されているからこそ悩みが増えているのもまた事実です
この問題をぜひ、君たちのような若い世代…探偵君にも考えていただきたいんですよね
どうです？解けそうですか〜？
えっ!?いきなり！…ちょっと時間ください
在来種が増えるのはいいことのはずなのに…
保護をすると増えすぎて問題が起きるんだ
タチが悪いって言っても動物たちには悪気ないしね…
そりゃあ…
生きるために食べ物を探しに来てるだけだもんな…
台所の魚をねらってくるピータにあんなことしたら「虐待」になっちゃうのに
パン‼
パン‼
森で野生のシカやイノシシと
街で野生のヌートリアと猫
それに家で飼われている…
なんでこんなに違うんだろう…何かが引っかかる…
………

野生動物の保護と駆除は矛盾しないか?

マンガでは沼木さんから琳太郎に解決が依頼されましたが、解決の方向性について考えるために、もう少し背景知識を身につけておきましょう〔1〕。

● 野生動物をめぐる問題の多面性

日本の自然生態系をめぐる問題は非常に多面的です。2012年から2013年にかけて公表された**第四次レッドリスト**では3597種が絶滅のおそれのある種として指定されており、リストの見直しのたびに指定される種の数は増えています〔2〕。その一方でニホンジカやイノシシなど、個体数を増やしている野生動物もいます〔3〕。これは自然保護の取り組みが功を奏したこともあるかもしれませんが、狩猟人口の減少と高齢化も関係していると考えられています〔4〕。

こうした変化と並行して、全国各地で**鳥獣害問題**が深刻化しつつあります〔5〕。農林水産省が2014年12月に発表した「鳥獣被害対策の現状と課題」によると、2014年10月の時点で1400以上の市町村で鳥獣害の被害防止計画を策定し、900あまりで被害対策実施隊を設置しています（いま日本にある市町村は約1700）。農作物の被害総額は2012年度に全国で230億円、その7割がシカ、イノシシ、サルによるものです〔6〕。

シカやイノシシの獣害は個体数が増えていることがひとつの要因と考えられますが、単純にそれが原因だと言うには、あまりにも獣害の問題は複雑です。農村人口の減少に

---

〔1〕鳥獣保護管理の具体的な方法は地域によって異なる．マンガの設定は、それらをふまえた架空のものである。

〔2〕レッドリストは、絶滅のおそれがある野生生物のリスト。環境省のウェブサイトで見ることができる。https://www.env.go.jp/press/15619.html http://www.env.go.jp/press/16264.html

〔3〕正確な個体数の推測は難しいが、環境省の推計によるとニホンジカは2011年に北海道を除いて155万～549万頭の間、イノシシは66万～126万頭と見積もられ、生息域もこの25年ほどで拡大している（環境省自然環境局「統計処理による鳥獣の個体数推定について」2013年8月 http://www.env.go.jp/council/12nature/y124-04/mat02.pdf より）。

〔4〕狩猟人口は1970年の約53万人をピークとして1980年代以降急速に減少し、2011年には20万人を切り、そのうち13万人が60歳以上（環境省「捕獲数及び被害等の状況等」http://www.env.go.jp/nature/choju/docs/docs4/ より）。

より人里に野生動物が入り込みやすくなったこと、また人間による森林の利用が減って農村周辺の森林の植生が変化したことなども理由として挙げられることがあります。

鳥獣による農作物被害に対しては、さまざまな対策が試みられていますが、有効な対策がなかなか見つからず問題となっています。

●野生動物にかかわる多様な法律

野生動物をめぐる法律も多様です。まず、個々の野生動物ではなく「生物多様性」に関する一連の条約や法律があります。国際的には「**生物の多様性に関する条約**」が1992年に締結されました。ここで保護すべき多様性は「種内の多様性、種間の多様性及び生態系の多様性」とされています。日本でもこの条約を受けて「**生物多様性基本法**」が定められています。そこでは、生態系の保護をうたう反面、「生態系、生活環境又は農林水産業に係る被害」のおそれがある場合には「被害の防除、個体数の管理」などをしてもよいと明記してあります。

また、絶滅危惧種については「**種の保存法**」が別に定められています。[7] 天然記念物に指定されている動植物には「文化財保護法」も適用されます。[8]

鳥獣害問題に直接かかわる法律には「**鳥獣の保護及び管理並びに狩猟の適正化に関する法律**」（**鳥獣保護管理法**）があります。鳥獣保護管理法はもともと狩猟の規制を目的とした法律でしたが、1999年に各都道府県が「鳥獣保護管理事業計画」を策定する規定ができるなど、現在では野生生物保護管理の積極的な方策についての内容も充実してきています。[9] この法律では、「鳥獣及び鳥類の卵は、捕獲等又は採取等をしてはならない」と原則狩猟を禁止しています。そのうえで、狩猟免許をもつ人に対して、特定の

〔5〕「鳥獣被害対策の現状と課題」や、後で出てくる「鳥獣被害防止特措法」など、鳥獣害についての情報は、農林水産省の鳥獣被害対策コーナーのウェブサイトにまとめられている。
http://www.maff.go.jp/j/seisan/tyozyu/higai/

〔6〕そのほか、ヒグマやツキノワグマは、農作物への被害より人間への危害という観点から問題となっている。しかし一方では、いくつかの地域個体群がレッドリストで「絶滅の恐れのある地域個体群」に指定されている。

〔7〕「種の保存法」については以下参照。
http://www.env.go.jp/nature/yasei/hozonho/
ヒグマ、ツキノワグマは地域個体群がレッドリストに掲載されているが、「種の保存法」の対象とはなっていない。

〔8〕獣害が問題となっているカモシカは天然記念物に指定されている。

場所と時期に、指定された鳥獣を狩猟することを許可しています。[10] **獣害対策や個体数管理**のための狩猟も別途認めています。

それとは別に、鳥獣による被害に対して、２００７年に「**鳥獣による農林水産業等に係る被害の防止のための特別措置に関する法律**」（**鳥獣被害防止特措法**）がつくられました。この法律にもとづいて農林水産省が基本方針をつくり、鳥獣被害のある各市町村は「被害防止計画」を策定し、必要なら鳥獣被害対策実施隊を設置することができます。鳥獣保護管理法にもとづく鳥獣保護管理事業計画と鳥獣被害防止特措法にもとづく被害防止計画は矛盾しないようにすることも定められています。

●めざす方向は？

このように、野生生物についてはさまざまな視点から設けられた多様な法令が適用されます。保護する際の視点も一様ではないし、捕殺を認める理由も、一般の狩猟と、獣害対策としての捕殺や増えすぎた個体数の調整のための捕殺、さらには第6章で扱った外来生物の駆除ではそれぞれ目的がまったく違います。しかし、狩猟免許をもっている人の大半が猟師なので、猟師が鳥獣保護管理の仕事や鳥獣被害対策実施隊員も兼ねるといったことが起きています。

また、第6章の場合と同じく、野生動物に**動物愛護**の考え方をどうあてはめるのが適当かという論点もあります。動物愛護法は、特定のいくつかの種を除くと、飼育動物だけが愛護の対象になると定めています。それもあってか、鳥獣保護管理法も鳥獣被害防止特措法も、動物愛護法との関係については特に述べていません。[11] しかし、動物を虐待してはならない理由をどう考えるかによっては、野生動物も例外でなくなります。

（9）「鳥獣保護法（鳥獣の保護及び狩猟の適正化に関する法律）」が改正され、「鳥獣保護管理法（鳥獣の保護及び管理並びに狩猟の適正化に関する法律）」となった（２０１５年5月施行）。改正趣旨には「鳥獣の捕獲等の一層の促進と捕獲等の担い手育成」の必要性がうたわれる。次のウェブページで関連資料が見られる。http://www.env.go.jp/nature/choju/

（10）狩猟鳥獣として２０１４年時点で48種類が指定されている。マンガに出てきた動物では、ニホンジカ、イノシシ、ヌートリアは指定されているが、ニホンザルはされていない（つまり特別な許可なく捕獲できない）。人間の生活圏を離れて完全に野生化したイヌやネコはノイヌ、ノネコとよばれ、狩猟鳥獣とされる。

（11）狩猟鳥獣となっているノイヌやノネコは、愛護動物のイヌやネコと同種のものが野生化しただけであり、これらを狩猟鳥獣に加えることの動物愛護法との整合性は問題になりうる。迷子になった飼い犬・飼い猫が市街地をさまよい出てノイヌ・ノネコと判断され、狩猟される可能性も指摘されている。

野生生物について考える場合、動物の愛護と人間の利害のほかにもうひとつ、生態系そのものの価値、という視点も入ってきます。生物多様性条約では生物の多様性が人間にとっての価値と並んで**内在的な価値**をもつとうたっています。この価値をどのようにとらえるのか、どのくらい重視するのかというのは、**環境倫理**の分野の大問題です(12)。**動物倫理**という観点からむしろ注目しておく必要があるのは、生態系や生物多様性には、内在的価値や人間にとっての価値だけでなく、動物にとっての価値もあるということです。生態系はさまざまな生物が複雑なネットワークをつくることで成立しています。一つの種が欠けただけでバランスが大きく崩れることがあります。捕食する動物がいなくなって非捕食生物が増えすぎ、結果として疫病や栄養失調で大量死するという事例もあります。そうしたできごとはその動物たち自身にとってもけっして幸福なものではないでしょう。捕殺も含む個体数管理は、捕獲される個々の個体を見ると残酷なように見えても、全体としてはむしろ**動物の幸福**を増進している可能性もあります。

野生動物と人間との共存のしくみを考えるうえでも、動物の幸福という観点を導入することはできます。動物をおどかして追い払うのは、その場だけを見ると動物に苦痛を与えています。しかし、莫大な農業被害を起こして駆除されてしまうくらいであれば、人間と距離をおいて生活することを野生動物の側が学んで持続的に共存してくれたほうが、人間にとっても動物の側にとっても結局幸福だといえるかもしれません。

以上のように、獣害問題は複雑ですが、どのような状態を人間と野生動物の双方にとって望ましいゴールとして想定するのか、まずはそのイメージをはっきりもつことが大事なのではないでしょうか。

---

(12) ここでその大問題に深入りすることはできないので、そういう問題があるということだけを指摘しておこう。

映画・小説・マンガから

鳥獣害を描く作品はなかなかないが、アニメーション映画『森のリトル・ギャング』は見方によっては森林開発にともなう獣害問題を動物側から描いていると言えなくもない。もう少し広く、狩猟をテーマとしたアンソロジーとして服部文祥編『狩猟文学マスターピース』（みすず書房）がある。また、少し古いが『マタギ』『イタズ 熊』といった伝統的な猟師を描いた映画がある。『山賊ダイアリー リアル猟師奮闘記』は作者自身の猟師としての体験をベースとしたエッセイマンガ。

イルカ・クジラ漁問題 9

渦中のイルカショー

なんていうか…
清音だっていろいろ気を使ってただろうし…
いいんじゃない? たまには・・・こういうのも…
こ… これってもしかしてデー…
う、うん じゃあ待ち合わせは
うわ〜いつもよりかわいい服着てったほうがいいかな…? ブーツは…
ドキ ドキ
えーと
日曜日
ワァアアア
順路
ガヤ ガヤ
イルカさんたちすごかったね! 賢いね〜!
うんうん
…ってなんでサヤちゃんが一緒に来てるんだろう
良いけど… 良いけどね…!
ええー!? 二人きりだとデートみたいじゃん
マズいって〜
あの誘い方だとそう思うよ 普通!!

でもウミウシの展示はサヤちゃんと一緒でよかったかも
ハシャギすぎた
いや～楽しかったなあ
いいねぇたまにはレクリエーションも！
レクリエーションね…
ん…？あれって…
あらっ
大石さん！
誰？
知り合？
奇遇ね！今日は水族館に？
あれっ…？今日はアニマルポリス協会じゃない…ピースフルシー？
PEACEFUL SEA
今日は別の団体なの
水族館でイルカを扱うことについてちょっと問題提起をしに、ね
外国人もいるわよ

ピースフルシーって捕鯨船のじゃましたりしてる過激団体じゃん!!
ドドドド…
大石さんそんなところまで!?
いま日本の水族館で飼われているイルカの9割が猟のときに捕まえられた個体なの
いまのところ水族館生まれのメスが子どもを産んで育てるのは難しいのよねぇ
ハァイ! ジョシ・コーセー?
カワイイ〜!
わっ外人さんだ
リチャード
ピースフルシーで活動する外国青年
ひ〜!
Do you love dolphines?
Aren't they cute?
Hey but you are also
cute!! HA HA HA
ペラ
ペラ
イルカはカワイイよね!
頭もいいし! 君は彼らを
捕らえて殺すことをどう思う?
よくないと思うよね!
イルカ殺すのよくないって言ってるのかな…
牛や豚も食べるために殺しちゃうし…イルカやクジラだけダメって言われても…
それを英語で…
エート
Beef ?

僕はベジタリアンだけど
メンバーのなかには
肉を食べる人も
もちろんいるよ
でも肉を食べる
人たちにこそ
聞きたいんだ
じゃあ
「牛と人間との違いは
なんなのか？」
ってこと
知的能力の高さを基準にするなら，大型類人猿やイルカやクジラも大切にしないと筋が通らないだろ？
り…琳太郎～何て言ってるの～？
言ってることはだいたいだけど…でも、
でも、わかってきたかも
なんとなく…！

?
お兄ちゃん
たいへんだ!!
!!
クラスの子に
おみやげ
買うの忘れた!
もっかい
お店行こ!
え!?
ああ
ちょ、
ちょっと
待って…!
失礼
しますっ
あらら
Bye～
……
夜…
ドドドドド…
なんだ
この状況…!?
もしかして
ピースフルシー
…?
ドドドドドド….
!

ドドドド
あれは… 捕鯨船…!?
ドドドド…
お前ら また 来たな!!
?!
……
あのっ 僕ですっ
雨宮さん!! それに 沢田さんの お父さんと 沼木さんも…
スッ…
待っ…
タアーンッ…
ドキ ドキ
最近こんな 夢ばっかり だな…

知的能力の高さを
基準にするなら
大型類人猿やイルカや
クジラも大切にすべき
だろ？
じゃあ
認知症の人は
どうなるの？
……
ピ
ピ
ピロリピロリ～♪
ピロリロ～♪
うーん
メール…？
琳太郎？
近いうちにみんなを
トニアンに集めたい…？
どうしたんだろう
ファ～～
「大きな謎が解けた気がする」って？
今日
りんたろう
夜にごめん！
近いうちに
トニアンにみんな
を集めたいんだ
大きな謎が
解けた気がする

Lecture

クジラやイルカをどのように扱うべきか？

捕鯨については、伝統をめぐる問題、制度的・法律的な問題、クジラ類をめぐる科学的な問題などさまざまな問題がからんでいるため、おいそれと発言すること自体が非常に難しくなっている面があります。ここでは、捕鯨を動物倫理の問題として考えたときにどうなるのか、ということを考えたいわけですが、動物倫理以外の面での背景をある程度は知っておく必要はあるでしょう。

その前に、イルカとクジラの関係についてひとこと断っておきます。生物学的には、クジラ目の一部（ハクジラ亜目のうち体長が短い種）がイルカと呼ばれ、そのほかがクジラと呼ばれています。大きさの違いを除けば、本質的には同じグループの生物です。[1]ただし、イルカはもともと以下で述べる捕鯨取締条約の対象になっておらず、南極海での捕鯨と近海でのイルカ漁は制度上・国際法上の背景が異なります。

なお、マンガで紹介した水族館でのイルカの利用については最近大きな変化があり、今後の推移が注目されます。[2]

● 捕鯨規制の枠組み

かつてはアメリカをはじめ世界の各国が捕鯨をおこなっていました。それら捕鯨国の間で、クジラの捕獲数を制限するための枠組みとして１９４６年に「**国際捕鯨取締条約**」が締結されました。この条約の締約国の会議が国際捕鯨委員会（ＩＷＣ）です。しかし

〔1〕したがって、反捕鯨団体がイルカ漁にも反対するのは自然と言える。「イルカ漁」と書くか「イルカ猟」と書くかでもこの問題のイメージは違ってくる。イルカは魚類ではないからむしろ陸上野生哺乳動物の狩猟と類比的に考えるべきだ、という立場からは「イルカ猟」のほうが自然である。

〔2〕２０１５年には、世界動物園水族館協会（ＷＡＺＡ）が、日本動物園水族館協会（ＪＡＺＡ）に対して、イルカ漁で捕獲したイルカの利用をやめない限り除名すると通告した。これを受けてＪＡＺＡはイルカ漁由来のイルカを利用しないことに決めた。イルカ漁と水族館の関係について、より詳しくは日経ウーマンオンラインの川端裕人氏の連載「〝かわいい〟だけじゃすまないイルカの話」でも取り上げられている。http://wol.nikkeibp.co.jp/article/column/20100721/107928/

その後、いくつかの鯨種や個体群で絶滅が危惧されるようになったこともあり、**商業捕鯨モラトリアム**とよばれる一時的捕鯨禁止措置が採択され、１９８６年から実施されました。〔3〕モラトリアムは当初10年という期限でしたが、現在も撤回されず続いています。モラトリアムに対し、ノルウェーやアイスランドは異議申し立てをして、自国の排他的経済水域内で捕鯨を続けています。日本は、このモラトリアムの下でも、取締条約のなかに規定のある**調査捕鯨**は可能ということに着目して、南極海でのミンククジラの捕獲を続けてきました。しかし、この調査捕鯨は科学的に意味がなく実質的な商業捕鯨ではないか、ということで捕鯨に反対する各国や環境保護団体から非難をあびてきました。〔4〕とりわけ、調査捕鯨の一部はオーストラリアが排他的経済水域だと主張する地域においておこなわれてきたためにオーストラリアは日本にくり返し抗議していました。

２０１０年、オーストラリアはついに国際司法裁判所に調査捕鯨が取締条約違反だと訴え、２０１４年３月にオーストラリアの主張をおおむね認める判決が出されました。〔5〕

● 異なる立場からは異なって見える論争

捕鯨をめぐる論争はここで紹介した以上に複雑な問題であり、しかもその複雑さの性質は捕鯨推進側に立つか、反捕鯨側に立つかでまったく異なって見えます。日本の商業捕鯨を支持する側からは、以下のような主張がなされます。

① 捕鯨と鯨肉食はそもそも日本の伝統文化であり、異文化の人が捕鯨を否定するのは傲慢である。
② どの見積もりにおいてもミンククジラ等は絶滅からほど遠く、むしろ増えすぎて水産資源を危機に陥れている。

---

〔3〕「先住民生存捕鯨」、つまり伝統的な生活のなかで捕鯨をおこなってきた人々が同じやり方で捕鯨を続けることはモラトリアムの下でも認められており、アラスカ、ロシア、グリーンランドなどで実施されている。

〔4〕調査捕鯨では年によっては１０００頭を超すクジラを殺すことになる。それについて、日本は捕獲して殺さないと得られないようなデータ（胃の内容物など）をとっており、また統計的に意味のある数字を得るために数が必要だと説明してきた。しかし、調査捕鯨の目的は時期によってさまざまに変化しているのに、目的に適したさまざまな方法をとるのではなく捕獲ばかりをするのは不自然であるし、しかもこれだけのクジラを殺しても調査目的がまったく達成されていない。本文で述べた国際司法裁判所の判決もこうした点が判決理由となっている。

〔5〕日本はこれを受けて、２０１５年の調査捕鯨は捕獲以外の手法でおこなうことを決定した。

③そもそも取締条約は捕鯨産業の発展のための条約だとうたってあり、捕鯨そのものを禁止しようとするのは筋が通らない。

これに対して、日本の商業捕鯨を批判する側からはこんな答えが返ってきます。

①'伝統的捕鯨と現在の捕鯨では鯨種も手法もまったく異なるし、日本人が鯨肉を多く食べていたのは戦後の一時期だけで、およそ伝統文化とはほど遠い。

②'クジラの個体数についての見積もりは誤差が非常に大きいため、予防原則の適用としても商業捕鯨は控えたほうがいい。また絶滅危惧の種や地域個体群も多い。

③'取締条約が締結されたころと現在では水産業のあり方も環境問題をめぐる考え方も変わっており、条約の役割も当然変化している。

さらに、商業捕鯨に反対する側は、絶滅のおそれのない種の商業捕鯨を認めたら、それに隠れて条約で捕鯨を認められていない種まで捕獲されてしまうのではないかとも恐れています。これは根拠がないことではありません。スコット・ベイカーらが1994年に日本のスーパーで売られている鯨肉の遺伝子を調べたところ、調査捕鯨も認められていない、保護されているはずの種の鯨肉がかなり含まれていました[6]。しかし、これは、商業捕鯨を推進する側からは、商業捕鯨を許可するかどうかに関係のないことをもちだして言いがかりをつけているように見えるでしょうし、条約違反を問題にするのなら、過激な反捕鯨団体の違法行為も問題にしなくては不公平だ、と言いたくもなるでしょう。

●動物倫理の観点からみた捕鯨とイルカ漁

クジラやイルカの漁に反対する倫理的な理由としては、第8章でも取り上げた生物多様性の保護という視点がクローズアップされることが多いのですが、動物福祉や動物の

---

〔6〕Baker, C. S. and Palumbi, S. R. (1994). Which whales are hunted? A molecular genetic approach to monitoring whaling. *Science* 265: 1538-1539.

〔7〕マンガに出てきた「ピースフルシー」は、動物福祉的な観点から捕鯨やイルカ猟に反対している団体として描かれているが、現実世界で日本の捕鯨に抗議行動を行っている「グリーンピース」や「シーシェパード」は基本的には環境保護系の団体である。反捕鯨といっても立場や主張は千差万別なので、議論をする際には相手がどういう根拠で何に反対しているかをきちんと確認する必要がある。

権利といった動物倫理の観点からの強い反対論もあります[7]。

まず、クジラやイルカは音声を使った複雑なコミュニケーションをおこなうことや脳が大きいことなどから、**高い知能**を備えているとされます。高い知能を備え、いろいろなことが理解できる存在は、感じる幸福や不幸もそれだけ多様だと推測されます。だから、福祉への配慮も他の哺乳動物より細やかに必要だ、という議論が成り立ちます[8]。

また、捕鯨やイルカ漁は、一瞬で気絶させる屠畜や陸上生物の狩猟とくらべても苦痛が長引きがちです。この視点からは、捕鯨よりも近海でのイルカ漁、とりわけ日本でおこなわれている**イルカ追い込み漁**が問題視されることになります。この漁はイルカの群れを追い回すことで多大な恐怖を与えていることが推測されます。最終的に命を奪うプロセスも苦痛が大きいことが批判されます。

捕鯨やイルカ漁の話をしているときに、動物福祉や動物の権利という観点から批判されていることをふまえないと、まったくかみ合わない議論になってしまうことがしばしばあります。たとえば、日本の商業捕鯨への批判に対して、日本人は捕獲したクジラを非常に大事にし、何も残さずに使い切るのだから、油だけ採ってあとは捨てていたかつての欧米の捕鯨とはわけが違う、といった答えを返すことがあります。しかし、クジラの福祉という意味では、自分が死んだあと死体がどんなに有効活用されようが知ったことではないわけです。そもそも死後の利用法が答えになると思うこと自体、何を批判されているかわかっていない証拠だ、と思われてしまうことでしょう。

この問題についてどういう視点からどういう立場をとるにせよ、さまざまな視点があることに気を配りながら議論をすることが大事です。

---

〔8〕知能が重視されるもうひとつの理由については第10章でもふれる。

映画・小説・マンガから

『ザ・コーヴ』は日本のイルカ漁を告発した映画。関係者の同意を得ずに潜入して撮影した映像を使ったり、主張の紹介があまりに一方的だったり問題の多い映画だが、単純に反発するのではなく、イルカ漁を擁護する日本人はどう見られているのか、なぜそう見られているのかを考えるきっかけにすべき作品ではないかと思う。『だれもがクジラを愛してる。』はクジラの救助活動の実話をベースに、クジラをめぐるさまざまな人の利害関係を描いた映画。『フリー・ウィリー』は少年がオルカと交流し、ついには解放する物語を描いた映画。主演したオルカ自身がのちに劣悪な飼育環境からのレスキューの対象となり話題となった。

生き物探偵「解決編」

COFFEE トニアン
さて
みなさん
今日は無理を言ってお集まりいただきありがとうございます！
どうしても、僕の「謎」に対する答えを聞いていただきたくておよびしました
生き物探偵として僕が解かなければならなかった「謎」…
それは「人間と動物の関係にまつわる謎」です

発端はささいなことでした
小城さんの犬のしつけがなっていないという依頼です
動物をしつけたり去勢したりはたまた実験台にしたり…人間は動物にいろんなことを要求し、利用もします
これは人間のエゴではないのか…？と
しかし、しばらくするうち僕の頭はますます混乱していきました
なぜペットの猫と実験台のマウスの扱いがこんなにも違うのか…
なぜ野良猫とヌートリアの扱いがこんなに違うのか
解決のヒントをくださったのがそちらにいらっしゃる柳先生です
先生に与えられた課題は「なぜ人間は特別なのか、権利をもつのか考えよ」というものでした
大型類人猿の権
しかし調べれば調べるほどこの謎は混迷を極めていきました

生物学的には人間とチンパンジーの差は微々たるものなんですから
そこからさらに考えるヒントをくれたのが沢田さんとリチャード君で…
アドレス教えてよ～
え…? いいけど…
ちょっと! 聞いてる⁉
リチャード君が教えてくれたのは、人間が特別扱いされる理由になりそうなのは「頭のよさ」くらいだということ
一方、沢田さんは、頭のよさなんていう基準を立てたら
人間のなかにだって特別扱いされない人が出てきてしまうということを教えてくれました
「動物の権利」の運動のなかで「苦しむ能力」が権利をもつかどうかの基準にされた理由もようやく腑に落ちました
哺乳類、鳥類、爬虫類、両生類くらいまでかしら
認知症の人だって苦しむことはあり、だからこそ配慮されなくてはならない
それならほかの動物だって…というわけです

ちょっといいかな
生物としての「人間」、つまりホモ・サピエンスのゲノム…遺伝子をもっている
っていうのは人間だけを特別扱いする理由にならないかな
先生ありがとうございます よい視点です 実は僕も最初、その可能性を考えました
…しかし残念ながらその考えもうまくいかなくて…
と、いうと?
何らかの遺伝子の有無を理由として認めてしまうとY染色体をもっているつまり男性であるということが特別扱いの理由になったり
白人特有の遺伝子をもっているから…という理由にも反論できなくなってしまうんですよね
ふむ…
じゃあさっき述べたように「苦しむ能力」をもつ者が生きる権利をもつと考えるべきなのでしょうか? だとすると…
沢田さんのお父さんの会社ではもうおこなっていませんが
いまだ多くの会社でおこなわれている動物実験…これはマウスやラットの権利の侵害です
僕の家の昨晩の夕食はポークの生姜焼きでしたが、
これも…豚の権利の侵害となります

ヌートリアを捕獲するのもニホンザルを駆除するのもイルカを捕まえてショーをさせるのもみんな権利の侵害です
…とするのはやはり無茶な話だと思います
そこで僕ははっと気づきました
そもそもの前提がおかしいのではないか…？
人間だからといって特別な権利なんてないと考えるのはどうだろう…って
能力にせよ遺伝にせよ、人間だけを特別扱いする根拠はないけれど
かといって「苦しみを感じるあらゆる動物が人間と同じ権利をもつ」というのも無理がある
だとすれば
「人間も動物もどちらも特別な権利などもたない」と考えるのが唯一論理的な回答です

人間を食べてはいけないのも
実験に使ってはいけないのも
実は
何の根拠もない！
人権とか
人間の尊厳なんていうのは
根拠のない約束事
作り事なのです
これが
今回、
僕がたどり着いた
謎に対する答え
です
しん…
コポコポ…

今上君
本当にその考えでいいと思ってる？
私にはどうしてそうなるのかわからないんだけど…
ええっ…!?
俺もだな！
俺も別に人間が特別だなんて思っとらんがそんな言い方にはならんぞ
私もなんだかあんまりだと思うわいね
雨宮さんたちまで…
そんな
今上君がひとりでその回答にたどり着いたのは本当にスゴイと思うわ
でも残念だけど…
それはとても乱暴な考え方よ
君が高校生じゃなかったら殴ってでも止めさせてるかも
…ッ
ワイワイ
ガヤガヤ
〜
……
ぽん
？
ぐっ
なんなのもう

はい！
スッ
かっこよかったよ！
ありがと
あれ…
清音こんなきれいだったっけ…？
化粧してるのかな
さっきのスピーチさ！賛同はしてもらえなかったけど
こういうのいいかなって思うよ
？
へーっ理科の先生
猟師さんってどんなことを？
大団円とはいかなかったけど…
それなりに…

いいことはできたのかも…
COFFEE トニアン
それじゃあ
サヨナラ!
私もそろそろ帰るよ 楽しかった!
蘭ちゃん
ん?
あのさ!
この前相談したことなんだけど 私、決めたんだ
琳太郎にも言うね
!
ばっ!
わっ!
いいと思う!
私も応援してるから!
うん!

バタン…
琳太郎
あれっ 帰ったのかと 思った…
私ね、琳太郎と 生き物探偵してて ひとつ悩んでた ことがあるの
え…?
今日… さっきのスピーチ 聞いてやっと決心した
私も自分の考え ハッキリしたよ

Lecture

人間と動物への態度に筋を通すことはできるか?

人間だけが権利をもつ理由を発見できなかった琳太郎は、実は人間も人権なんてもっていないのだ、という結論を出します。動物について考え続けるならば、最終的にはその思考は人間に返ってくるということなのかもしれません。でも人権という概念は、そんなことで放棄してしまえるようなものなのでしょうか。

● 人権とは何だろうか、人間の尊厳とは何だろうか

人権という概念は、16世紀から17世紀ごろのヨーロッパで、国王の専制に対抗する運動のなかで徐々に登場してきました[1]。近代的な人権概念の提案者としてはイギリスの哲学者**ジョン・ロック**の名前が挙がります。ロックは国王による統治は統治される人民からの信託によるという**社会契約**の考え方をとりましたが、信託を受けた国王は何をしてもよいわけではなく、人民の側には基本的な権利が残り、それを侵害する国王に対しては抵抗する権利もある、と考えました。この考え方は、18世紀にアメリカ独立革命やフランス革命の思想的な背景になりました。アメリカ独立宣言は「あらゆる人は平等に創造されている」とうたいます。しかし、独立当時のアメリカ合衆国で選挙権を認められていたのは成人の白人男性の一部だけでした[2]。

それからの数世紀は、人権をさまざまな階層に拡張し、差別的な制度を撤廃していく運動の歴史だったともいえます[3]。そこでも、「すべての人は平等に創造されている」と

---

〔1〕さらにさかのぼれば中世ヨーロッパの自然法思想などの影響も指摘される。

〔2〕独立当時の選挙権には土地所有・財産などの制限があった。

〔3〕19世紀には婦人参政権をはじめとする女性解放運動やアメリカ合衆国における黒人解放運動が大きな流れとなり、その後、子どもの権利、障害者の権利、性的マイノリティの権利など、さまざまなカテゴリーの人々によって同じような権利のための運動がおこなわれてきた。

いうスローガンとその背後にある人権思想は大切なよりどころになってきました。

すべての人が**尊厳**をもつという考え方も、さまざまな権利運動に大きな役割を果たしてきました。しかし、尊厳とは何かを言葉で説明するのはたいへんです。単なる物や道具ではなく「人間」として扱う、という意味なら、18世紀の哲学者**イマニュエル・カント**などに起源をもちます。カントは世の中の価値あるものの源泉は、何が善なのかと自分で考えてそれに従って行動する能力（**自律**）だと考えました。[4] この能力をもつ存在（**人格**）はそれ自身で価値をもつので、決して人格を単なる手段として利用してはならない（他人がもつ目的を尊重せよ）、というのがカントの倫理学の基本的主張のひとつです。

●動物への態度の選択肢

このように、人間にとって人権や尊厳は欠かせないものです。それを放棄しないとするなら、動物の扱いについてどんな選択肢が残るか、いくつか考えてみます。

①「ホモ・サピエンスだけが人権をもつ。それ以上の理由などない」とつっぱねる。

これは多くの人が暗黙のうちにとっている立場かもしれません。法律も「ひと」と「もの」を峻別することでこの考え方にのっとっています。ただ、女性解放、黒人解放などの運動を大事だと思うなら、この考え方を認めるのはたいへん危険です。同じ理屈で「男性（白人）だけが権利をもつ。理由などない」とつっぱねる道を開きかねないからです。マンガで出てきた、ヒトゲノムをもつかどうか、という基準も似たようなものです。

②ホモ・サピエンスのもつある特徴が人権の根拠になり、ほかの動物にはその特徴がないから人権は発生しない、と論じる。

第7章ですでに見たように、ホモ・サピエンスが（赤ん坊や認知症患者も含め）みん

---

(4) 他人に言われたからとか罰が怖いからという理由でルールを守るのは、状況が変われば悪事にも加担しかねないわけで、価値があるとはいえない。

なもっていて、それ以外の動物がまったくもっていない特徴、というのを考えるのは非常に困難です。

③言語能力など、他の動物がもたない特徴を人権の根拠として挙げたうえで、ホモ・サピエンスでも全員が人権をもつわけではない、ということをあえて認める。[5]

大型類人猿やクジラなど、これだけ厳しい基準をたててもやはり人権をもつ側に入る動物はいるでしょう。[6] それ以上に、ある種の人には人権がないというのはその人たちの生存をおびやかしかねない相当危険な主張です。

④人権のもとになる特徴は何かを考え、その特徴をもつものはホモ・サピエンスかどうかにかかわらず人権と同等の権利を認める。

これは第5章で紹介した**動物の権利**という考え方につながります。たとえば**トム・レーガン**という哲学者は、「生の主体」(判断能力、記憶能力、感情能力など、いくつかの能力をもつ存在)であるかどうかが権利をもつかどうかの判定基準であり、これは一歳以上の哺乳動物ならだれでも満たす条件だ、と主張します。ただ、これによると、現在の社会における動物利用のほとんどが否定されてしまうことになるでしょう。[7]

⑤動物にも権利はあるけれど、人権より一ランク下の権利だと考える。[8]

右の③と④のどちらも避けたいという人にとっては、その中間として「一ランク下の権利」みたいなものを考えるという選択肢も魅力的に思えるかもしれません。しかし、どういう根拠にもとづいて誰がどのランクの権利をもつと考えるか、きちんと詰めていくと、人間の間でも人権にランクがあると考えざるをえなくなるかもしれません。これは本気で主張するなら③と同じくらい問題になるでしょう。

---

〔5〕前ページで紹介したカントはこの③に近い立場である。自律能力をもたないものは配慮の対象にならない。カントにとっての動物を虐待してはいけない理由は、人間に対しても乱暴なふるまいをするようにならないためである。

〔6〕捕鯨の問題でしばしばクジラの知能が問題になるのも、この③のような選択肢があるからという面がある。

〔7〕伴侶動物を繁殖させて飼うというようなことも、動物が人間と同じ権利をもつのなら疑問符がつく行為となる。

〔8〕第5章で出てきた環境エンリッチメントなどの取り組みの背景としては実際問題としてこういう考え方がありそうではある。

権利という考え方を使わないなら

頭を切り替えて、「権利」という考え方を使わないようにしてみたらどうでしょう。そのように考える倫理学の理論として、**功利主義**があります[9]。これは、われわれが何をすべきか、社会の制度はどうあるべきかを考えるとき、それがどれだけ人を幸福にするか不幸にするかを考え、できるだけ幸福を大きく不幸を小さくする選択肢を選ぶべきだ、という考え方です。この立場では、差別をなくすのは、なくしたほうが人々をより幸福にするからであり、反差別運動の根拠とされてきた人権というものも、絶対的ではなく、あくまで人々の幸福を大きくするための道具として設定されたことになります。

功利主義の立場に立つと、動物に配慮せざるをえないという結論になりがちです。哲学者の**ピーター・シンガー**はこの路線から**動物の解放**が必要だと訴えます[10]。ホモ・サピエンスは幸福になったり不幸になったりしますが、脳や神経のしくみや、外面的行動が非常に似ていることから考えて、すべての哺乳動物（どころか魚類まで含めた脊椎動物全般）が同じような感情を備えていることが推測されます。そうした事実に反して人間だけが幸福になったり不幸になったりするのだ、と主張するのは無理があるでしょう。

しかし、幸福のみを基準とすると、難しい問題を生むこともあります。シンガーは、この立場を展開していくなかで、あまりに苦痛が大きく、長生きできないことがわかっている障害新生児は安楽死することが正しい場合がある、と論じて、障害者団体から激しい非難を受けました。

以上のように、人間と動物の関係について一本筋の通った態度をとるというのはなかなか困難です。いろいろな立場の長所短所を見比べたうえで琳太郎の答えを考え直してみると、実はそれほど的外れではないかもしれません。

---

〔9〕功利主義は18世紀から19世紀のイギリスの哲学者たちによって整理された学説である。幸福のとらえ方や、権利の重要性などについては功利主義のなかでもいろいろな立場がある。

〔10〕第5章ではシンガーは動物の権利運動の論客として紹介したが、実はシンガー自身は権利という考え方を中心に据えない立場をとる。

映画・小説・マンガから

ジョージ・オーウェルの『動物農場』は「すべての動物は平等である」というスローガンを掲げて農場の動物が人間に反乱しながら、その理念がどんどんなし崩しにされてしまうさまを描いた寓話（同じタイトルでアニメ化もされている）。小林泰三の『人獣細工』をはじめとするホラー小説群には、人間の尊厳をはじめとするわれわれの倫理観に挑戦する作品が多く含まれており、少し違った角度から倫理観について考え直す機会をあたえてくれるかもしれない。

エピローグ
違うって！シッポもっと長かったよ
えーっ？こう？
そんな長くなかったってひろき！
!? もー！
こんな感じ！
あ〜ぽいぽい
これが学校に出るんです最近！
何だと思います!?探偵さん！
そ…そうだね
サッパリわからん
キッ
！
ごめん！待ち合わせの相手が来たから行くね！
それ考えとくから
「かのじょ」だ「かのじょ」！
スッゲー！
スゲー！さすが高校生…！
……

ごめんね
来るの遅く
なっちゃって
…
いやいいよ
何かあったの？
それがリチャードに
バッタリ会ってね…
沢田サンカラ
メール返信
ナクナリ
マシタ！
Why?
？？
そういえば
蘭ちゃん
めんどくさいって
いってたなぁ…
なんか相談みたいに
なっちゃって
なるほど…
しん……
あっお母さん
ここ右だよ
愛護センタ

さっきの
スピーチ聞いて
やっと決心した
私も
自分の考え
ハッキリしたよ
清音の決心とは
「保護犬の里親になる」
ということだった
最初の愛護センターへの
取材のときに
心に浮かんだ思い
だったそうだ
小城さんにも
いろいろと
相談に乗って
もらっていた
らしい
あの
様子だったから
てっきり
告られる
のかと…
そう思ったのは
一生内緒に
しておきたい

大切にしてあげてくださいね
もちろんです！
いや～
昔から動物好きだったけど自分からこういうこと言い出すなんてねぇ
最近何か一緒に活動してるらしいし琳太郎君の影響？
いえ！たぶん違います
わーっ清ねえちゃん犬飼うの!?
いいな～っ
今度遊びに行ってもいい？
うん！ぜひ来てよ！
やったあ！

送ってくれてありがとね
お母さんによろしく
うん、じゃまた学校で
バタン
それにしても琳太郎君も変わらないわね〜
?
昔からおとなしくて…
清音いろいろ無茶言って困らせてないでしょうね
そのナントカ探偵っていうので
え〜そんなことないよ
…まあ言い出したのは私だけど…探偵
生き物探偵
ほら〜
でも…
一緒に生き物探偵を始めていろいろな事件があって…
最初は気にもとめてなかったけど…

ああ見えて結構
カッコイイとこ
あるんだよ
琳太郎
ブロロ…
そうだ！
この子も「お話」に
出してもらおっと！
名犬に
なっちゃう
かも！
お話？
何の？
なんか最近
小説書いてるんだって
琳太郎
生き物探偵の事件簿
ニンゲンノンゲンの謎の巻
今上 琳太郎
「ありがとう、これ！言うとおり、すっごく
おもしろかったよ！」
放課後の教室。保井青音は今上琳太郎に借
りていた本を差し出した。最近人気の、猫を
主人公にしたミステリーだ。
約束通り、入部して

おわりに

本書で扱ってきた「動物倫理」という分野をひとことであらわすなら、人間は動物に対してどのように接するべきか、ということを考えるものだといえます。動物にもいろいろいますが、動物倫理の話題となるのは主に哺乳類や鳥類です。また、伴侶動物（コンパニオンアニマル）、実験動物、産業動物、展示動物、野生動物など、動物の人間へのかかわり方も多様ですが、この全体が動物倫理の考察の対象となります。

動物倫理という言葉自体は比較的最近つくられた言葉です（研究書などを見ても、この言葉がよく使われるようになるのは21世紀になってからです）。しかし、動物と人間のあるべき関係については古くからさまざまな人が意見を述べてきています。また、動物愛護運動をはじめとした、人間と動物の関係にかかわる社会的な運動も、19世紀以来ずっと続いています。ここではその歴史について少し紹介しましょう。

●近代までの動物観

人類はその進化の途上でも他のさまざまな動物とかかわって生きてきました。狩猟や肉食はホモ・サピエンスという種が登場する前からおこなわれており、イヌをはじめとする動物の家畜化も先史時代からはじまっています。

そして、さまざまな宗教が人間と動物の関係について一定の見解を示してきました。ユダヤ教・キリスト教は人間を「神の似姿」とする教えによって人間と他の動物の差を強調したのに対し、仏教は輪廻転生という考えにもとづいて人間と動物を連続的な存在としてとらえます（ただし、それぞれの立場が動物の扱いについてどういう結論につながるかについては論争があります）。これらの宗教に比べると日本の神道には動物の扱いについてはっきりした教義らしきものはないようです。

ヨーロッパの哲学者たちも動物の位置づけについていろいろな考えを述べています。アリストテレスは人間の魂と動物の魂の違いを強調し、デカルトは動物はロボットのようなものなので苦しみなど感じないとまで考えていました。その一方で、ピタゴラス学派とよばれる人たちはベジタリアンでしたし、モンテーニュは『エセー』のなかで動物には配慮すべきだと主張しています。功利主義の創始者として知られるベンサムも、功利主義の立場から動物の苦しみも配慮の対象になると論じました。

このように、ヨーロッパの伝統的な哲学はけっして動物倫理について一枚岩ではありません。また、動物への配慮を求める思想も、19世紀までは、あくまで個人的な倫理の域を出ていませんでした。

●動物虐待防止運動

19世紀になって、人間と動物の関係は変わりはじめます。そのあらわれが動物虐待防止運動の登場です。この運動がはじまったのはイギリスで、最初に非難の対象になったのは、イヌをウシにけしかける「牛いじめ」という遊びや、牛馬の酷使など、パブリックな場所で行われる虐待でした。こうした虐待を防止するため、イギリスでは1822年にマーチン法という法律が作られました。これが現在まで世界各国で制定される動物愛護法制の原型になっています。

ベジタリアニズムの運動も19世紀ごろから盛んになります（といってもベジタリアニズムを実践する人は当時も今もたいへん少数ですが）。文豪のトルストイが「第一段階」というエッセイで屠畜《とちく》場の問題やベジタリアニズムを取り上げたりしています。

他方、生理学者のベルナールが動物実験の方法を体系化させ、本格的におこなわれるようになったのも19世紀です。この新しい流れに対して、反対運動もありましたが、動物虐待防止のような大きな運動にはならず、実質的な規制もかなり後になるまでおこなわれませんでした。

全体としては、19世紀当時の動物虐待防止運動は、先進的ではあったものの、非常に対象が限定されていた面もありました。

●動物福祉と動物の権利

19世紀の運動が一定の成果を挙げたこともあって、20世紀の前半には動物愛護の機運は停滞しました。第二次世界大戦後になると、動物の利用が大規模化していきます。動物実験について言えば、冷戦下で国家が科学研究に大規模な予算をつけるようになり、動物を使った研究も組織化・大規模化していきます。畜産業でも、第４章で紹介した集約的畜産業がまずニワトリからはじまり、ブタ、ウシと拡大していきます。

そうした動物の利用の大規模化にともなって、少しずつ動物の福祉についての取り組みがはじまります。動物実験については、動物実験をおこなう研究者たち自身が少しでも苦痛の少ない実験方法について考えはじめ、１９５０年代に「３つのR」を提案しました（第3章参照）。集約的畜産業については１９６５年にイギリス議会に対して「ブランベル報告書」という報告書が出され、その後の畜産動物の福祉の基礎となりました（第４章参照）。これらの動物福祉の取り組みは、人間が動物を利用すること自体を否定するものではなく、利用する際の苦痛を減らすことに重点がありました。

１９７０年代からはじまった動物の権利運動は、動物をめぐる議論の状況を一変させました。その鍵となったのが、第5章などでも紹介した「種差別」という考え方です。考えたのはリチャード・ライダーというイギリスの動物愛護活動家ですが、哲学者のピーター・シンガーが書評のなかで引用したことで広く知られるようになりました。それまで女性差別や人種差別を告発し、女性や黒人の権利を主張するために使われてきたロジックが、そのまま人間と他の動物の関係にも適用可能ではないか、ということをこの言葉は示唆しています。１９７０年代当時には、動物実験や集約的畜産業への規制は存在していたものの、規制は非常にゆるく、一般の人が知るとショックを受けるような慣行も多く存在していました。そうしたものを明るみに出して告発することで、動物の権利運動は大きな社会的影響力を獲得していきました。しかし、そうした運動体のなかには、動物実験施設に侵入して動物を逃がすといった非合法手段に訴える団体もあらわれ、社会的あつれきも生み出しました。

動物の権利運動に答える形で、動物福祉の取り組みも盛んになりました。特にEUを中心に、ここ20年ほどで次々に動物実験についての規制が実施され、第3章でも紹介したように化粧品についてはほぼ動物実験が禁止されるところまで来ています。

こうした運動の高まりにともなって、人間と動物の関係はどうあるべきか、という原理についての議論も盛んになってきました。これが学術的な研究領域としての「動物倫理学」です。シンガーやトム・レーガンといった哲学者が動物に配慮する側の論陣を張り、それに反対する議論もいくつか試みられてきました。しかし、動物にまったく配慮しなくてよいという立場を擁護するのは倫理学的にはたいへん難しいことがわかってきています。近年では、動物の権利論はある程度当然の前提として、人間と動物の関係をもっと豊かにしていくにはどうしたらよいか、というような方向へと議論が進みはじめています。

●日本の動物倫理

日本でも人間と動物の関係についての思想は古来存在してきました。仏教の伝来にともなって、肉食の禁令が出され、1000年以上にもわたって維持されてきました（実際には狩猟した肉を食べたり、江戸時代初期には野良犬を食べたりといったことがあったようですが）。徳川綱吉の「生類憐みの令」は、行き過ぎた動物愛護として否定的に紹介されることが多いのですが、近代的な動物保護法制と共通する内容もあり、再評価が必要でしょう。

近代になって、欧米の動物虐待防止運動が日本にも輸入され、1901年には日本最初の動物愛護団体がつくられました。この団体が「動物愛護」という言葉をつくったのですが、実はこれは欧米言語に訳すのが非常に難しい言葉です（欧米では「虐待防止」「保護」「人道的扱い」「配慮」などの言葉が使われます）。動物とのかかわりを「愛し護る」ものだと考えるのは日本の動物倫理思想の特徴と言えるかもしれません。

しかし、仏教にもとづく動物愛護の伝統をもつ国としては不思議なほど、日本では動物愛護の法律や制度の整備が進みませんでした。イギリスのマーチン法から150年遅れて１９７３年にようやく「動物の保護及び管理に関する法律」（１９９９年に「動物の愛護及び管理に関する法律」に名称変更）ができましたが、規定された内容は非常に限られたものでした。

その後、欧米の動物福祉の制度は、さきほど紹介したような事情により１９８０年代から９０年代にかけて急速に充実していきますが、日本では業界の自主規制に任せるような状態がずっと続いていました。それでも、20世紀の終わりごろから、欧米からの圧力もあって、次第に法律や政府のガイドラインが充実してきてはいます。

このように、動物倫理に関しては、近代の日本はもっぱら欧米の後追いに終始してきました。しかし、そろそろ日本人も自分の頭で人間と動物の関係はどうあるべきか考えるときが来ているのではないでしょうか。日本に特有の動物倫理観として、動物慰霊や動物供養という営みがあります。動物の命を奪った後で気にかけ続けるのは、西洋流の動物愛護からは理解しがたいところがありますが、日本的な動物とのかかわり方を象徴するものとして、日本人の動物観を考える大事な手がかりといえるでしょう。また、命を奪うからには決してむだにしない、という形で動物への責任感があらわれるのも日本に特徴的です。こうしたものを手がかりにして、日本人にも心から腑に落ちる動物倫理を構築することは可能かもしれません。本書がそういう議論の発端のひとつになってくれれば幸いです。

●この本について

この本の企画は、同じシリーズの『マンガで学ぶ生命倫理』が出版されたすぐ後くらいに、編集者の後藤南さんから話をいただきました。わたしは『生命倫理』を読むまでは倫理学の話をマンガで表現できるものかどうか正直半信半疑だったのですが、実際読んでみて思った以上のクオリティに驚き、わたしもやってみたいと思いました。ただ、生命倫理とくらべると動物倫理は同じ論点がくり返し論じられる傾向があり、生命倫理のように簡単にはいかないだろう、という感触もあって、とりあえず原作を書いてみますというお返事をしました。

正直、動物の生命もかかわる真剣なテーマに高校生探偵ものという形式を使うのが化学同人という堅い出版社で認められるものかどうかと思いながら全10回の梗概を書いたのが２０１３年のゴールデンウィークのことでした。幸い後藤さんにも喜んでいただき、『生命倫理』のマンガを担当されていたなつたかさんにマンガを描いていただけることになりました。なつたかさんの手で、わたしのつくった骨組みに命が吹き込まれ、登場人物たちがいきいきと動きはじめました。後藤さんにも全体的なことからこまかいセリフまで、いろいろな提案をいただきました。このマンガは、どこからどこまでが誰の、といえないくらい、この３人の共同作業でできたものです。

それだけでなく、この作品を少しでも誤りの少ない、読みやすいものにするために、さまざまな段階でさまざまな方に読んでもらいコメントをいただきました。川端裕人さん、鶴田尚美さん、上野吉一さん、溝渕久美子さんには原作の全体を読んでいただき、貴重なコメントをいただきました。京都市家庭動物相談所（現・京都動物愛護センター）の方々には第1章と第2章のネームと解説にコメントをいただくとともに、所内を見学させていただきました。また、マンガの下描きと解説がひととおりできた段階で、打越綾子さん、児玉聡さん、上山愛子さんにコメントをいただきました。そのほか貴重な情報をいただきながら、命を奪う仕事にかかわっているということで名前を挙げないでほしいとおっしゃった方もいます。このマンガが読みやすいものになっているとしたら、こうしてコメントをくださったみなさんのおかげです。あわせて感謝の意を表したいと思います。

もっと知りたい人のためのブックガイド

●動物倫理全般について

（1）動物倫理という考え方について

『動物を守りたい君へ』高槻成紀（岩波ジュニア新書、2013年）

「ジュニア新書」ではあるが、けっして子ども向けに話をごまかしたりはせず、ペットと家畜と野生動物を結んで、動物をめぐるさまざまな問題がお互いに結びついていることをわかりやすく語ってくれている。

『動物の命は人間より軽いのか　世界最先端の動物保護思想』マーク・ベコフ（藤原英司・辺見栄 訳、中央公論新社、2005年）

ベコフはもともと動物の行動の研究者だが、その研究のなかから動物倫理に関心をもつようになった。本書は動物の権利論に近い立場からの動物倫理全体の紹介となっている。

『一冊でわかる　動物の権利』デヴィッド・ドゥグラツィア（戸田清 訳、岩波書店、2003年）

動物の権利論の考え方を中心に、倫理学の観点から問題を整理してくれている。

『動物からの倫理学入門』伊勢田哲治（名古屋大学出版会、2008年）

この本は基本的には倫理学の教科書であるが、事例として全体を通して動物の倫理を取り上げている。とりわけ、欧米流の倫理学の考え方の自然な延長としてなぜ動物の権利や動物の解放という考え方が出てくるかを紹介している。

（2）法律について

『日本の動物法』青木人志（東京大学出版会、2009年）

動物をめぐる法制度がどうなっているかの概要をつかむうえでたいへん参考になる。

『ペット六法　第2版』ペット六法編集委員会（誠文堂新光社、2006年）

「ペット」とあるが、動物をめぐるさまざまな法律をまとめてくれている便利な本である。法令編と用語解説・資料編の二分冊になっている。こうしてまとめられることで、動物に関する法制度がいかにまとまりがないかということが逆によくわかる。ただし、本書が出て以降も関連する法律はめまぐるしく改訂されており、最新の法律を確認するには環境省ウェブサイトなどを参照する必要がある。

●基本的な考え方について

（1）動物の権利

『実践の倫理　新版』ピーター・シンガー（山内友三郎ほか 訳、昭和堂、1999年）

シンガーは代表的な倫理学者であるとともに、動物の権利運動の理論的な支えとなってきた人物でもある。この本はシンガーの哲学全体を紹介するなかで、動物への配慮や動物の生命を奪うことについてのシンガー流の考え方が展開されている。

『動物の解放　改訂版』ピーター・シンガー（戸田清 訳、人文書院、2011年）

同じくシンガーによる著作。こちらのほうは、もっと具体的に動物実験や畜産業のなかで動物がどのように扱われているかを紹介しており、出版された当時かなりのセンセーションを巻き起こした。

『大型類人猿の権利宣言』パオラ・カヴァリエリ、ピーター・シンガー編（山内友三郎・西田利貞 監訳、昭和堂、2001年）

第5章でも登場した本書は、大型類人猿に限定して動物の権利を主張する。大型類人猿は生物学的にも認知能力的にも人間に近く、人間と異なる扱いをする理由をつけるのが難しい。本書はこの問題についてのさまざまな角度からの論考を収めている。

(2) 動物福祉

『動物福祉の現在　動物とのより良い関係を築くために』上野吉一・武田庄平 編著（農林統計出版、2015年）

さまざまな立場の著者が多角的に動物福祉の考え方を論じた本。

『アニマルウェルフェア　動物の幸せについての科学と倫理』佐藤衆介（東京大学出版会、2005年）

動物福祉に興味をもったとき、まず全体像をつかむために読むとよい。

『動物への配慮の科学　アニマルウェルフェアをめざして』M.C. Appleby, and B.O. Hughes 編著（佐藤衆介・森裕司 監修、チクサン出版社、2009年）

動物福祉について体系的に学ぶための本としては日本語で一番の本。

(3) それ以外の考え方

『動物への配慮　ヴィクトリア時代精神における動物・痛み・人間性』ジェイムズ・ターナー（斎藤九一 訳、法政大学出版局、1994年）

動物の権利や動物福祉という考え方が登場する以前、19世紀のイギリスで動物愛護運動は本格的にはじまった。そのときに「痛み」への配慮が大きな役割を果たした、とターナーは論じている。

『日本の動物観　人と動物の関係史』石田戦ほか（東京大学出版会、2013年）

西洋からきた動物倫理とどう向き合うかを考えるとき、日本の伝統的な動物観を参考にするのは重要な手がかりをあたえてくれるだろう。本書は、日本人はどのように動物と接してきたのかを多面的に明らかにしてくれている。

●動物の認知能力について

『動物たちの心の世界　新装版』マリアン・ドーキンス（長野敬ほか 訳、青土社、2005年）

動物倫理の観点から、動物の意識に関するさまざまな知見を紹介している。著者は有名な進化生物学者リチャード・ドーキンスの元妻。

『動物感覚　アニマル・マインドを読み解く』テンプル・グランディン、キャサリン・ジョンソン（中尾ゆかり 訳、日本放送出版協会、

２００６年）

自らも自閉症であるグランディンが、動物の精神が自閉症と似た特徴をもつという観点から食肉加工施設の改善をおこなっていく。動物の気持ちが少しわかった気持ちにさせてくれる本。

『動物たちの喜びの王国』ジョナサン・バルコム（土屋晶子 訳、インターシフト、２００７年）

動物倫理では動物の痛みや苦しみばかりがクローズアップされるが、動物は快楽や喜びも感じていることをさまざまなデータから示してくれる。

『魚は痛みを感じるか？』ヴィクトリア・ブレイスウェイト（高橋洋 訳、紀伊國屋書店、２０１２年）

これまでの動物倫理は主に哺乳類や鳥類を問題にしてきたが、魚類の苦痛についてもしだいに実験データが得られつつある。本書はそうした実験を紹介、分析してくれている。今後の動物倫理の議論では魚類も無視できない存在になっていく可能性がある。

●各論について

（１）伴侶動物（コンパニオンアニマル）

『コンパニオンアニマルの問題行動とその治療』工亜紀（講談社、２００２年）

コンパニオンアニマルの問題行動については、実用書は多く存在するが、体系的に論じた本はまだあまり存在しない。第１章の解説でも紹介したように、本書はこの問題に原理的な面からアプローチしている。

『ペットと日本人』宇都宮直子（文春新書、１９９９年）

ペットブームやペットロスなども含め、日本においてペットの置かれている状況を多面的に描く。日本の動物観の歴史にもさかのぼりつつ、なぜ日本でペットについての取り組みが遅れているのかを考察する。

『ドイツの犬はなぜ幸せか　犬の権利、人の義務』グレーフェ彧子（中公文庫、２０００年）

ドイツにおけるさまざまな制度の紹介。飼い主の側にさまざまな義務が課せられることで、犬にとっても暮らしやすい社会が実現している。

『殺処分ゼロ　先駆者・熊本市動物愛護センターの軌跡』藤崎童士（三五館、２０１１年）

殺処分ゼロをめざして地道な努力を積み重ねてきた熊本市の取り組みを追ったノンフィクション。

『犬を殺すのは誰か　ペット流通の闇』太田匡彦（朝日文庫、２０１３年）

本書では十分に扱えなかった話題として、ペット業界の問題がある。近年改正された動物愛護法で規制が強まったとはいえ、まだ外部からはわからない点が多い。

『のこされた動物たち　福島第一原発20キロ圏内の記録』太田康介（飛鳥新社、２０１１年）

もうひとつ本書で取り上げられなかったのが、震災と動物のかかわりである。この本は原発事故後の避難地域にとりのこされた動物（コンパニオンアニマルも家畜も含む）の救援活動の記録である。

（２）動物実験

『ノックアウトマウスの一生　実験マウスは医学に何をもたらしたか』

八神健一（技術評論社、2010年）
実験動物がどう扱われるべきか考えるためにはそもそも実験動物がどのような状況に置かれているかを知る必要がある。

『ありがとう実験動物たち』笠井憲雪 監修、太田京子 著（岩崎書店、2015年）
動物実験をおこなう研究者や実験動物を飼育するスタッフの生の声が一般の人の目にふれることは少ない。本書はその貴重な声をインタビューからの再構成という形で聞かせてくれる。動物実験反対派の議論とあわせて読むことで、動物実験をめぐる問題の多面性が見えてくるはず。

『新版 罪なきものの虐殺 動物実験全廃論』ハンス・リューシュ（荒木敏彦・戸田清 訳、新泉社、2002年）
欧米における典型的な動物実験廃止論。リューシュはスイス生まれのレーシング・ドライバーだったが、1970年代以降は動物実験反対の活動家として国際的に活躍するようになった。ただし、本書は動物実験に対するさまざまな規制がおこなわれるようになる前に書かれたものなのでその点は注意が必要。

『新・動物実験を考える 生命倫理とエコロジーをつないで』野上ふさ子（三一書房、2003年）
日本における動物実験廃止運動の中心となってきた著者による動物実験論。

（3）集約的畜産業、ベジタリアニズム

『アニマル・マシーン 近代畜産にみる悲劇の主役たち』ルース・ハリソン（橋本明子ほか訳、講談社、1979年）
集約的畜産業の問題を告発して、その後の動物福祉運動の出発点となった。この本で使われた「工場畜産」(factory farming) という表現は集約的畜産業を指す若干批判的なニュアンスをもつ言葉として定着している。ただし、当然ながら現状について知るにはもっと新しい情報源を利用する必要がある。

『屠場 みる・きく・たべる・かく 食肉センターで働く人びと』三浦耕吉郎 編著（晃洋書房、2008年）
食肉センターの仕事の様子やそこで働く人々の声をていねいに拾い上げた調査報告。こうした仕事に携わる人々も、差別や糾弾の対象になることを恐れて、なかなか表に出てくることができず、集約的畜産業について現場の情報にもとづいた議論をすることが難しくなっている。そのギャップを埋めるためにも、こうした学術的な研究は貴重。

『ベジタリアンの医学』蒲原聖可（平凡社新書、2005年）
ベジタリアニズムについてひとつ気になるのは、動物性食品をとらないで本当に健康上問題はないのかということだろう。本書は栄養学的な面をていねいに解説してくれる。

『実践の環境倫理学 肉食・タバコ・クルマ社会へのオルタナティヴ』田上孝一（時潮社、2006年）
動物の権利論の観点からベジタリアニズムの倫理を論じる。

（4）動物園と展示動物

『動物園にできること 「種の方舟」のゆくえ』川端裕人（文春文庫、2006年）
主に海外の動物園の新しい取り組みを紹介しているが、2006年の文庫版では日本の最近の事情についても加筆されている。

『動物園学入門』村田浩一ほか 編（朝倉書店、2014年）

動物園のさまざまな側面を総合的に考える動物園学のはじめての総合的な入門書。環境エンリッチメントなど福祉の問題も章を割いて取り上げられている。

(5) 野生動物、外来種

『野生動物問題』 羽山伸一（地人書館、2001年）

若干情報が古くなっている面もあるが、獣害問題、移入種問題、絶滅危惧種問題など、野生生物をめぐる問題を全体として概観している本は現在でもほかにあまりない。

『野生動物管理のための狩猟学』 梶光一ほか 編（朝倉書店、2013年）

野生生物の個体数の管理と狩猟とのかかわりについて、「狩猟学」というタイトルにもあらわれているように学術的な観点から整理されている。

『猪変』 中国新聞取材班（本の雑誌社、2015年）

中国地方のイノシシの害や対策の様子を網羅的に調べた中国新聞の連載を書籍化したもの。連載自体は2002年のものだが、対策が進まない現状をふまえて、2015年に書籍化が実現した。イノシシが海を渡って獣害を広げている様子の報告などがある。

『けもの道の歩き方　猟師が見つめる日本の自然』 千松信也（リトルモア、2015年）

猟師としての視点から動物や自然と人間の関係をめぐる諸問題について考えている。野生生物に関する情報のデータブックとしても有用。

『外来生物クライシス　皇居の池もウシガエルだらけ』 松井正文（小学館101新書、2009年）

外来生物をめぐって生じる問題は多様である。本書はそれをある程度類型化し、主な外来生物について問題を手際よくまとめている。

(6) クジラ・イルカ問題

『イルカと泳ぎ、イルカを食べる』 川端裕人（ちくま文庫、2010年）

1997年に出版された本に最近の動向を反映した「あとがき」をつけて2010年に文庫化したもの。国内外のイルカをめぐるさまざまな活動を取材し、イルカの保護とイルカ漁をめぐるさまざまな立場や価値観をできるだけ中立的な立場から紹介している。

『解体新書「捕鯨論争」』 石井敦編（新評論、2011年）

中立的に議論を紹介する、というのはうたい文句であるが、どちらかといえば日本ではあまり紹介されない捕鯨反対派の議論をていねいに紹介している。

(7) 一歩引いた視点

『ぼくらはそれでも肉を食う　人と動物の奇妙な関係』 ハロルド・ハーツォグ（山形浩生ほか 訳、柏書房、2011年）

アメリカでは動物愛護運動は日本よりはるかに盛んであるが、そのなかでも、実は肉を食べるという人は多い。そういう点も含めて、現代人の動物に対する態度は本当に全体として筋が通っているのかどうかよくわからないところがある。これはそうした人間と動物の関係に切り込んだ本である。なお、原書では最後に、熱心な動物愛護活動家でありながら肉を食べる人たちのメンタリティに迫る章があるのだが、邦訳では残念ながら割愛されている。

『動物のいのち』 ジョン・M・クッツェー（森佑希子・尾関周二 訳、大月書店、2003年）

小説家のクッツェーが動物についての講演を頼まれた際に、フィクション形式で動物倫理について論じ、それがまとめられて本になった。物語中の主人公のコステロはかなりラディカルな動物の権利論者で、集約的畜産業をアウシュビッツになぞらえたりして周囲の人々とさまざまな衝突をくり返している。その様子を描くことでクッツェーは、一歩引いた視点から動物倫理の問題について考えることをわれわれに促している。内容はかなり難しいが、読む価値は高い。

幸せへのキセキ
2011年・アメリカ
監督：キャメロン・クロウ
主演：マット・デイモン
p.67

旭山動物園物語 ペンギンが空をとぶ
2009年・日本
監督：マキノ雅彦
主演：西田敏行
p.67

動物園

飛べ，バージル プロジェクトX
1987年・アメリカ
監督：ジョナサン・カプラン
主演：マシュー・ブロデリック
p.67

プロジェクト・ニム
2011年・アメリカ
監督：ジェームズ・マーシュ
＜ドキュメンタリー＞
p.67

狩猟文学マスターピース
服部文祥 編
2011年・日本
p.103

マタギ
1982年・日本
監督：後藤俊夫
主演：西村晃
p.103

森のリトル・ギャング
2006年・アメリカ
監督：ティム・ジョンソン，カレイ・カークパトリック
＜アニメーション＞
p.103

鳥獣害

野生動物

COMIC
山賊ダイアリー リアル猟師奮闘記
岡本健太郎 著
2011年〜
日本
p.103

イタズ 熊
1987年・日本
監督：後藤俊夫
主演：田村高廣
p.103

ザ・コーブ
2009年・アメリカ
監督：ルイ・シホヨス
＜ドキュメンタリー＞
p.115

フリー・ウィリー
1993年・アメリカ
監督：サイモン・ウィンサー
主演：ジェイソン・ジェームズ・リクター
p.115

イルカ クジラ

だれもがクジラを愛してる。
2012年・アメリカ
監督：ケン・クワピス
主演：ドリュー・バリモア
p.115

外来生物

ダーウィンの悪夢
2004年・フランス＝オーストリア＝ベルギー
監督：フーベルト・ザウパー
＜ドキュメンタリー＞
p.79

人獣細工
小林泰三 著
1997年・日本
p.129

人間・動物の権利

動物農場
ジョージ・オーウェル 著
1945年
イギリス
p.129

映画・小説・マンガで考える動物倫理

伴侶動物

いぬのえいが p.19
2005年・日本
監督：黒田昌郎ほか
主演：中村獅童ほか

南極物語
1983年・日本
監督：蔵原惟繕
主演：高倉健
p.19

HACHI 約束の犬 p.19
2009年・アメリカ
監督：ラッセ・ハルストレム
主演：リチャード・ギア

COMIC
犬を飼う
谷口ジロー 著
1992年・日本
p.19

殺処分

ひまわりと子犬の7日間
2013年・日本 p.31
監督：平松恵美子
主演：堺雅人

犬と猫と人間と p.31
2009年・日本
監督：飯田基晴
＜ドキュメンタリー＞

動物実験

1999年のよだかの星
1999年・日本
監督：森達也 p.43
＜TVドキュメンタリー＞

キューティ・ブロンド2 ハッピーMAX
2003年・アメリカ p.43
監督：チャールズ・ハーマン＝ワームフェルド
主演：リース・ウィザースプーン

猿の惑星 創世記 p.91
2011年・アメリカ
監督：ルパート・ワイアット
主演：ジェームズ・フランコ

肉食・集約的畜産業

ある精肉店のはなし
2013年・日本 p.55
監督：纐纈あや
＜ドキュメンタリー＞

COMIC
にがくてあまい
小林ユミヲ 著
2009年～
日本 p.55

ファーストフード・ネイション
2006年・アメリカ p.55
監督：リチャード・リンクレイター
主演：グレッグ・キニア，イーサン・ホーク

いのちの食べかた p.55
2005年・ドイツ
監督：ニコラウス・ゲイハルター
＜ドキュメンタリー＞

ビジテリアン大祭
宮沢賢治 著
1934年・日本
p.55

ブタがいた教室
2008年・日本
監督：前田哲 p.55
主演：妻夫木聡

な　行

は　行

ま　行

や　行

ら　行

さくいん

人　名

数字・欧文

あ　行

か　行

さ　行

た　行

● 著者紹介 ●

伊勢田 哲治（いせだ てつじ）

1968年福岡県生まれ．京都大学大学院文学研究科単位取得退学．メリーランド大学大学院修了．Ph.D（哲学博士）．名古屋大学大学院准教授などを経て，現在，京都大学大学院文学研究科教授．専門は，科学哲学，倫理学．著書に『疑似科学と科学の哲学』『動物からの倫理学入門』（名古屋大学出版会），『哲学思考トレーニング』（ちくま新書），『倫理学的に考える』（勁草書房），『科学を語るとはどういうことか』（共著，河出ブックス）などがある．

<マンガ> なつたか

関西を中心に，実用書やパンフレットのマンガを描いている．

マンガで学ぶ動物倫理

わたしたちは動物とどうつきあえばよいのか

2015年11月25日 第1刷 発行
2024年 7月10日 第4刷 発行

検印廃止

著 者 伊勢田 哲治
なつたか
発行者 曽根 良介
発行所 （株）化学同人

〒600-8074 京都市下京区仏光寺通柳馬場西入ル
編集部 TEL 075-352-3711 FAX 075-352-0371
企画販売部 TEL 075-352-3373 FAX 075-351-8301
振 替 01010-7-5702
e-mail webmaster@kagakudojin.co.jp
URL https://www.kagakudojin.co.jp

印刷・製本 （株）シナノパブリッシングプレス

ISBN978-4-7598-1813-0